筑摩選書

牧本次生
Makimoto Tsugio

日本半導体物語

パイオニアの証言

日本半導体物語　パイオニアの証言　目次

日本半導体物語

パイオニアの証言

まえがき

昨今、半導体は「経済安全保障の要」として世界中の関心を集めている。日本においても政府が「半導体は最重要の戦略物資」として強力な振興策が進められている。熊本では世界最大のファウンドリ企業ＴＳＭＣ（台湾積体電路製造）の工場建設が急ピッチで進められ製品の出荷も近づいている。北海道では最先端の国産半導体製造をめざすラピダスの建設工事が進められており、二〇二五年にはパイロットラインの稼働が予定されている。それぞれの地元は熱気に包まれ、夢が広がっている。日本にとっては三〇年来の低迷に歯止めをかけ、半導体を再活性化する機会とすべきである。

日常の世界においても驚くようなことが起こっている。最近大きな話題を集めている生成ＡＩの**Chat-GPT**は二〇二二年一一月の市場導入以来、わずか二カ月の間に一億人のユーザーを獲得したとのことである。生成ＡＩによって、自動的に文章を書かせたり、画像を作らせたりすることができるようになり、これまで不可能だったことが可能となる。その反面、フェイクニュースが拡散するリスクも増えており、世界では陰と陽の両面を併せ持つＡＩ技術に対して、どのように対応すべきかの議論が盛んにおこなわれている。いずれも半導体の進展がもたらしたものである。半導体はまさに文明の最先端を切り拓くエンジンとなっているのだ。

日本において半導体が産業として立ち上がったのは、一九五五年にソニーがトランジスタ・ラジオを商品化したのがきっかけである。当時の半導体ができることはラジオに応用することが精いっぱいであり、テレビへの応用すら難しかった。それから約七〇年を経過して半導体は上記のような驚くべきレベルに到達したのである。

当初米国から技術を導入した日本の半導体は次第に地力をつけ、八〇年代末には世界トップの市場シェアを獲得した。その後一〇年にわたる半導体摩擦の影響を受け弱体化が始まったが、摩擦が収まった後でも市場シェアの低落傾向が続いて今日に至っている。どうしてこのようなことになったのか。自分の人生と重ね合わせるような形で半導体の歴史を後世に伝えたい。これが執筆の動機である。

近年刊行されたクリス・ミラーの名著『半導体戦争』(ダイヤモンド社、二〇二三年)の場合は、歴史家でもある著者が過去の記録を丹念に調べ上げた上で書かれたものであり、いわば外側から見た歴史である。対して本書は半導体とともに歩いた著者が、自分の体験を通じて内側から見た歴史である。

第1章から第7章まではダイナミックで臨場感に満ちた歴史の事象を読者に伝えたい。また、そのような歴史を踏まえた上で、第7章の最終節では日本半導体の復権に向けての提言を記す。現在日本においては前述の二つの大きなプロジェクト(TSMC工場の誘致とラピダスの建設)が進められており、まずはこれをしっかり成功させることが重要である。しかし、この二つはともにファウンドリ事業（自社製品を持たず製造を受託する事業）であり、日本半導体の市場シェアの右下がり傾向を上向きにすることはできない。

シェアの向上のためには進んで新規応用分野を開拓し、その市場向けの最適チップを生み出していかなければならない。その中心になるのはロジック系チップであり、「何を作るかの定義（プロダクト・デフィニション）」が極めて重要である。デバイス技術の知識のみでこれに対応することは難しく、コンピュータ・サイエンスなどシステム技術の知識を併せ持つ人材の育成が必要であり、産官学が強く連携して取り組まなければならない。

最後の第8章においては、「温故知新」の教えを踏まえて、半導体に関連する過去の事象をつぶさに調べることによって、「半導体の窓」から未来がどう見えるかについての事例を紹介する。その一つとして、産業構造が急速に転換しつつある自動車産業を取り上げる。かつて日本の電子産業はアナログからデジタルへの転換の過程で地盤を喪失したが、自動車産業がこの轍を踏むことはないのか、楽観を許さない状況にある。

私は一九五九年に日立製作所の半導体部門に就職し、技術から管理、経営に至る各種業務を経験して二〇〇〇年に退社、同年にソニーに入社して半導体技術戦略を担当した。〇五年の退社後はコンサルティング業を通じて、法人や企業の顧問などをつとめる傍ら講演、執筆、教育、メディア対応などを通じて半導体の世界とつながっている。

二〇二四年には半導体在職通算六五年となり、半導体はまさに自分のライフワークである。このようなキャリアのゆえか、二〇一一年六月のＮＨＫスペシャルに出演したときは、字幕に「ミスター半導体」として過分な紹介をしていただいた。また、二〇二四年二月の文部科学省主催の半導体関連会議でのスピーチの時には「半導体のレジェンド」との紹介をいただいて恐縮した。いずれも長い半導体一筋の人生にご配慮をいただいたものとして、ありがたく受けとめている。

何事においても栄枯盛衰は世の常であるが、半導体分野においては特にそれが激しいと言えるだろう。勝つこともあれば負けることもある、しかし負けても敗者復活があり得る。これは半導体のこれまでの歴史が教えるところであり、私が身をもって学んだことである。

今、日本の半導体は敗者復活戦のさなかにある。この一戦に勝ち抜くために過去の歴史から学ぶことは多いと思う。本書がそのための一助となれば幸いである。

がんばれ！　ニッポン半導体！

本書の主要部分は半導体産業人協会運営のバーチャルミュージアム日本半導体歴史館（牧本資料室）に収蔵されている資料をベースとして適宜加筆修正を加えたものである。

第1章
半導体の黎明期

1　半導体との出会い

私が自分の生涯の仕事として「半導体の道を進もう」と決意したのは今からおよそ七〇年前の一九五五年である。それ以来文字通り「半導体一筋」で今日に至っている。この年の八月に、ソニー（当時は東京通信工業）から世の中をアッと言わせるトランジスタ・ラジオ（TR－55）が発売された。このラジオが、ちょうど同じ年に東京大学の理科一類（理・工学部系）に入学した私の人生の進路にも大きな影響を与えることになる。

図1－1は日本初のトランジスタ・ラジオ（TR－55）とその開発を指揮した井深大《いぶかまさる》の写真を示す。当時、一般のラジオは真空管式であったので、サイズも大きく一家に一台、家族団欒の居間に置かれていた。その頃の大学卒初任給が七〇〇〇円から八〇〇〇円であったが、TR－55の値段は一万八九〇〇円と、かなり高価と言えるものであった。しかし、見た目のデザインがクー

●1955年夏、ソニーからトランジスタラジオ（TR－55）発売
●家電製品への半導体応用の先駆となる

井深大（1908－97）
●1946年、盛田昭夫と共同で東京通信工業（現ソニー）設立
●トランジスタ・ラジオの開発を指揮

図１－１　日本初のトランジスタラジオ

ルで、楽に持ち運びができ、外でも音楽やニュースを聞くスタイルが若者らに受け入れられ、国内のみならず海外においても大ヒットになったのである。ソニーの名は一躍世界に広がっていった。

当時の私は半導体についての知識はなかったが、調べてみると、その応用分野はラジオにとどまらず、将来はテレビやコンピュータにも広がる、光や熱で電気を起こすことや、ものを冷やすこともできるようになるとのこと。「これは凄い！」と好奇心が刺激され、夢の多い半導体に対して一目惚れの状態となった。

東大では、駒場キャンパスにおける二年間の教養課程の後、自分の志望と成績とによって本郷キャンパスにおける専門課程に振り分けられるシステムであった。私は迷うことなく応用物理学科の物理工学コースに進むことを選択した。ここで半導体に関する研究が進められていたからである。このコースの定員は一二名と、狭き門ではあったが首尾よく進学することができた。

卒業論文は、「金属間化合物の半導体物性の研究」というテーマで、青木《あおき》昌治《まさはる》先生にご指導いただいた。先生はペルチエ効果を使った熱電冷却の研究に熱心に取り組んでおられ、「将来は家庭用冷蔵庫も半導体のペルチエ効果を利用したものに変わるだろう」と夢のように話しておられた。先生はのちに応用物理学会の会長も務められ、日本における半導体分野の先駆的役割を果たした。

現在のところ、冷蔵庫が半導体に置き替わるまでにはいっていないが、ペルチエ効果を利用した家庭用のワインセラーはかなり普及が進んでいるようだ。私も使用しているが、庫内温度の制御精度も良く、ワインが嫌う騒音がなく、またスペース効率の良いスリムな設計で部屋の雰囲気にもマッチしている。さすがに、半導体を使った製品はスマートだ。今は亡き青木先生の夢が実を結びつつあることを思い、感慨深いものがある。

五九年に東大を卒業後、就職したのは小平市にある日立の半導体工場である。できたばかりの新しい工場で、トランジスタ・ラジオ向けの製品を作っていた。

さて、ここで時計の針を二〇〇〇年一〇月に移す。私はソニーの出井《いでい》伸之《のぶゆき》社長（当時）から直々の要請をいただいて、日立からソニーへ移籍することになった。そこで、自分の生涯の進路決定に大きな影響を与えたトランジスタ・ラジオ（TR－55）が世に出るまでの経緯をつぶさに知ることができたのである。

ソニーは、戦後間もない一九四六年に井深大と盛田《もりた》昭夫《あきお》という二人の天才によって設立された。井深は技術の面で、盛田は販売の面で抜群の才能があった。

井深が「トランジスタをやろう」と決意したのは五二年であるが、そのときソニーは従業員二〇〇名程度のよちよち歩きの会社であった。当時の市販のトランジスタの多くは合金接合型であり、よいラジオを作るには満足できるレベルに達していなかった。そこで井深は、「良いラジオを作るには、自分たちの手で良いトランジスタを作ろう」という決意をしたのである。そして、技術的な難易度は高いが高周波性能に優れた成長接合型トランジスタを選択した。

小さな会社にとって大きな投資と多くの技術者を必要とする半導体に手を出すことは極めて大きなリスクであったが、井深はあえてこの道を選んだ。今日の視点から振り返る時、井深のこの決断は「垂直統合モデル」の本質を突いている。

もともと、ソニーはテープ・レコーダなどのセット物をつくる会社だったので、「他社からトランジスタを買ってきてラジオを組み立てる」というオプションもあり得た。だがそれでは「人並みのことしかできない」という判断になったのであろう。人がやらないことをやる（Like no other）というカルチャーは、今日でもソニーで大事に受け継がれている。ソニーでは「世界一のラジオ」を目指して、総力を結集していたが、残念ながらTR-55は世界初のトランジスタ・ラジオにはならなかった。「世界初」はソニーより一〇カ月早く、アメリカのリージェンシー社から売り出されたのである。しかし、それは「水平分業的」な形態で作られたラジオであり、トランジスタはTI（テキサス・インスツルメンツ）製のものが使われていた。

一方、営業の盛田は自らアメリカに出向いてラジオの販売にあたったが、顧客からの最初の反応は厳しいものであったという。「わが家のラジオは真空管製で音質も良く、迫力がある。そんな小さなラジオに興味はない」と言われた。リージェンシーはこのような顧客の反応にひるんでしまい、この事業から撤退したと言われている。

一方ソニーは、ここで販売面での新機軸を打ち出した。「一家に一台のラジオから一人一台のラジオへ」という新しいコンセプトのキャッチフレーズで、キャンペーンを強化したのである。この戦略は見事に的中し、ソニーは世界的なプレーヤーとして雄飛することになる。また、日本の電機メーカー各社はソニーの成功に触発されてトランジスタ・ラジオの大増産を行い、日本製のラジオがたちまち世界の市場を席巻していった。

このような勢いは、ラジオからテレビへ、そしてＶＴＲやウォークマンへと日本の最盛期の商品に発展していった。日本は家電王国の地位を確立し、戦後日本の復興に大きく貢献した。ここに至るまでにソニーのＴＲ－55が果たした先導的な役割は、まことに偉大であったと言わなければならない。日本の半導体産業もこれを契機として立ち上がったと言える。そして、私の半導体人生もここからスタートしたのである。

2　「金の卵」のトランジスタ・ガール

私が最初に取り組んだ半導体製品は、ゲルマニウム・トランジスタであった。今ではどこでも作っていないので、博物館でしかお目にかかれない代物である。しかし、ゲルマニウム・トランジスタこそが日本半導体の歴史において立ち上がりのリード役を果たし、半導体大国への道を切り拓いたのである。

図１－２　日立半導体第１期生（前列右端、筆者）

　私が日立製作所に入社した一九五九年は、皇太子殿下（現上皇陛下）の御成婚の年であり、テレビが一段と普及した年でもあった。当時の日立は、創業者小平浪平《おだいらなみへい》の理想であった「国産技術振興」の気風に満ちて、「野武士の日立」といわれるほどに活気があった。四月に入社すると二カ月間の集合教育がある。場所は、会社発祥の地、茨城県日立市の施設である。会社幹部が交互に演壇に立ち、日立の歴史、現状、「日立精神」のみならず、広く世界情勢や文化、技術など多岐にわたる教育があった。

　集合教育の最後に、社内のどの部門に配属されるかの発表がある。事前に第三志望まで提出してあるが必ずしも志望どおりにはならないので、これは各人にとって悲喜こもごもの瞬間である。幸いにして私の場合は、志望どおり半導体部門への配属がきまった。

日立の半導体工場は、その前年（五八年）の七月に操業を始めていたのであるが、「トランジスタ研究所」と称していた。設立認可をなるべく早く取得するために、「工場」の言葉が使えなかったため「研究所」となっていたが、中身はもちろん「トランジスタ工場」であった。しばらくしてから、名が体を表すように「武蔵工場」と変更になる。

この年に半導体部門に配属になったのは七名である。先輩社員はすべて他の事業所からの転属者であり、大学の新卒としては、私たちが奇しくも日立半導体の「第一期生」となったのである。同期の入社ということでまとまりが良く、「七人の侍」と呼ばれるほどであった（図1－2）。

私の初仕事は「ゲルマニウム・トランジスタのタイプ・エンジニア」である。平たくいえば日々変動するトランジスタの「歩留《ぶどまり》」を管理し、改善することである。当時のトランジスタの構造は一ミリ角ほどのゲルマニウムの薄片がベースとなり、その両側にインジウムの丸いドットを焼き付けてエミッタとコレクタにしたものである。最もデリケートな作業はエミッタとコレクタにリード線を取り付ける組立工程であり、顕微鏡の下で行われる。この作業では視力が強く、手先の器用な中学卒の女子工員が大きな活躍をした。彼女たちは、いつからか「トラ

図1－3　トランジスタ・ガール（1960年代）

ンジスタ・ガール」と呼ばれるようになる。（図1-3）

少し横道にそれるが、一九六二年に吉永小百合主演の『キューポラのある街』（日活）が上映された。実はこの映画のロケの一部が、勤務していた日立の武蔵工場で行われたのだ。キューポラとは、鋳物を作るために鉄を溶かす溶銑炉のことである。ここに長年勤めた父親が、リストラによって職を失う。吉永小百合演ずるところの長女が、普通科高校への進学を諦めて定時制（夜間部）に行くことを決める。そして、昼間の職場として選んだのが当時最先端でクリーンなイメージのトランジスタ工場であった。トランジスタ・ガールを演じた吉永小百合はこの映画によって、ブルーリボン賞主演女優賞を受賞した。

しかし、トランジスタ・ガールたちが生産の主力を担ったのは五〇年代後半から七〇年代前半までであり、その後は年を追って女子比率は減少していく。『日立半導体三十年史』によれば、私が入社した五九年当時の比率は女八五％、男一五％であったが、七五年には女三五％、男六五％と比率は逆転した。そして八五年には女一五％、男八五％と、男女の比率は五九年当時と正反対になり、半導体工場は男性中心の職場に変わっていったのである。

このような変化の背景には、製品の転換（ゲルマニウムからシリコン・トランジスタへ、そしてICへ）とともに、自動化の進展がある。若年女子工員の手作業は、「目を持つ」自動化機械に代わっていったのである。しかし、日本半導体の立ち上がり初期において、トランジスタ・ガールは、まさに「金の卵」としての役割を果たした。それは半導体のみならず、ラジオやテレビなど当時のハイテク製品を生み出す原動力でもあった。そして、一時的とは言え、日本がトランジスタの生産において先行する米国を抜いて世界のトップに立ったのである。

谷光太郎《たにみつたろう》著『半導体産業の系譜』には、次のように記されている。「昭和三一年（一九五六年）夏頃より、ヤング層を中心にトランジスタ・ラジオが爆発的に売れはじめた。ソニーのこの年のトランジスタ生産高は月産三〇万個で、翌年には倍以上の八〇万個になった。（中略）昭和三四年（五九年）、日本は八六〇〇万個のトランジスタを生産し、世界最大の生産国になった」。

大量に作られるラジオなどの半導体応用製品は、日本全体のイメージアップに大きく貢献し、当時「安かろう、悪かろう」を意味していた「メイド・イン・ジャパン」の持つ意味を一新したのである。そのエピソードを二つ紹介しよう。

一九六二年、当時の池田勇人首相は戦後初めてフランスを公式訪問し、ド・ゴール大統領と会見した。その時のお土産として選ばれたのが、ソニーのトランジスタ・ラジオである。これは当時の日本を代表する最先端技術の商品だったからである。池田首相は、この新しいトランジスタについて熱く話しかけた。熱心さのあまりド・ゴール大統領からは「トランジスタのセールスマン」と揶揄されるほどであった。半導体は、まさにこの当時の日本の「希望の星」だったのである。

続いて、一九七九年に出版されたエズラ・F・ヴォーゲル著『ジャパン・アズ・ナンバーワン』の翻訳者の広中和歌子が、同書の「訳者あとがき」に述べている一節を紹介しよう。「私がこの国（注：米国をさす）にやって来た二〇年前（注：一九六〇年前後）を思い出してみると、当時、アメリカ人がなんとはなしに日本人を小馬鹿にしていたように感じたものだった。（中略）

見かけはまあまあでも、安かろう、悪かろうの品物に失望するアメリカ人は、日本人を安物しか作れないチープな国民としてみていたことが、故国を離れたばかりの私には、痛く感じられたものだった。そうしたアメリカ人の日本観が変わってきたのは、トランジスタのおかげである。フランスのある首脳は日本人を『トランジスターのセールスマン』と皮肉ったが、アメリカ人、特に一般の人々の日本に対する態度は単純な驚きと尊敬であった」。

この一文からもわかるように、半導体を応用したラジオやテレビなどの民生電子機器によって、海外での日本に対するイメージは一変したのである。「安かろう、悪かろう」を意味していた「メイド・イン・ジャパン」が、「ハイテク、高品質」を意味するきっかけを作ったのはトランジスタであったのだ。

3 米国に学ぶ

私が日立に入社した頃の日米間の技術格差は、相撲に例えれば横綱と十両ほどの開きがあり、横綱米国の胸を借りながらの練習を日々繰り返すような感じであった。米国でトランジスタが開発された頃、日本は占領下にあり、米国からの技術文献も自由に入手することはできなかった。わが国半導体の草分けの一人である田中昭二《たなかしょうじ》東大名誉教授は当時を回想して次のように述べている。「学術誌もほとんど購入できず、そのころ新刊の *Physical Review* を見た記憶もないので、多分（東大の）教室にはなかったと思われる。虎ノ門に米国大使館の分室があり、外国の学術誌が一応そろっていたので、必要なときはそこへ出かけて、ノートに手書きで写したものである」（「半導体とともに歩んで」『電子情報通信学会誌』二〇〇六年八月号より）。

日本の電機業界においては、五〇年代の前半にトランジスタを事業化の対象として捉え、それぞれの企業が米国の先進メーカーと技術導入契約を結ぶことになる。東芝、日立はＲＣＡと技術契約を結び、ソニーはＷＥ（ウエスタン・エレクトリック）と特許契約を結んだ。そのような背景で日本が米国から学ぶパターンには、大きく分けて三つあった。一つは技術契約をベースにした技術者の派遣、二つ目は学会への参加、そして三つ目は米国大学への留学であった。それぞれのケースを通じて半導体の技術移転が進んだのである。

技術者派遣のケース

技術導入契約が結ばれた後、日本の各社は優秀な人材を提携先に送りこんで技術の習得に努めた。たとえばソニーではトランジスタ開発の責任者となった岩間《いわま》和夫《かずお》氏がＷＥ社に長期出張して、詳細な技術調査を行い、丹念なレポートを作成した。これは社内で「岩間レポート」と呼ばれて、今日でも大事に保管されている。

日立半導体においてこのような技術移転の先導的役割を果たしたのは二代目武蔵工場長の宮城《みやぎ》精吉《せいきち》氏である。同氏がＲＣＡに長期出張したときのレポートについては、ＮＨＫから出版の『電子立国日本の自叙伝（上）』の大野稔氏のインタビュー記事で次のように紹介されている。「宮城さんはスケッチが大変に上手で、半導体の各工程の装置や、部品材料、さらには作業者の動きなどを丁寧に報告書にまとめて、読む人が理解しやすいような工夫を行った。一回の報告書はＡ４で三〇枚前後もあり、第一五報までが残されている。このような報告スタイルは、日立からのその後の出張者にとって模範となるものであった」。

技術契約ベースの技術者派遣では滞在期間が数カ月から一年に及ぶこともあり、米国から日本への技術移転に大きな役割を果たした。

学会参加のケース

半導体関連の国際学会は、今日世界各地で数多く開かれているが、その先導役は言うまでもなく米国であった。一般に「半導体のオリンピック」とまで言われるようになったＩＳＳＣＣ（国際固体素子回路会議）は、半導体新技術・新製品の発表の場として数千名規模の学会に発展しているが、最初の会合は一九五四年の開催であった。「国際」という名前は付いていたものの、米国以外では日本とカナダから各一名の参加者があったのみである。

また時期を同じくして、半導体のデバイス・プロセスを中心テーマにしたＩＥＤＭ（国際電子デバイス会議）も創設され、ＩＳＳＣＣと並んで半導体における二大学会のひとつとなっている。

日本の半導体技術者にとって、学会における情報は極めて貴重なものであり、多くの技術者が参加した。日本からの参加者はできるだけ良い情報を入手しようと熱心のあまり、なるべく会場の前方に席を取って、カメラを構えていることが多かった。良いスライドが出るたびにカシャ、

カシャ、カシャというシャッター音が暗い会場に響く。このような異様な情景が、顰蹙を買って規制されるようになった。私も駆け出しの頃、このような行動に加わっていたことを思うと内心忸怩たるものがある。

私が初めて半導体の学会に参加したのは、日立から米国へ留学中の一九六六年のＩＳＳＣＣであった。当時は研究開発の中心が米国東海岸にあり、そのためＩＳＳＣＣも東海岸のペンシルベニア大学で行われたのであった（注：今日のＩＳＳＣＣは西海岸のサンフランシスコで開かれる）。私はこの学会に出席して、大きな衝撃を受けた。「ＬＳＩ（大規模集積回路）」という言葉に初めて出会い、その状況を知ったことである。私の留学期間中における最大の収穫は、ＬＳＩとの出会いであったと言っても過言ではない。帰国後の報告において、私が最も強調したポイントは、「日立においても早急にＬＳＩの開発に取り組むべきである」という内容の提言であった。

留学のケース

六〇年代になると、日本の多くの半導体メーカーで社費での海外留学制度が整えられた。私も留学を通じて米国に学んだ一人であり、その事例を紹介したい。日立に入社して五年後に上長の推薦を得て応募し、六五年から一年間スタンフォード大学に学んだ。当時の教授陣にはジョン・リンビル、ジョン・モル、ボブ・プリッチャード、ジェラルド・ピアソンなど半導体技術の先駆者がきら星の如く輝いており、トランジスタの発明者ウィリアム・ショックレーも非常勤の籍を置いていた。スタンフォード大学の電子工学科は、学科長のジョン・リンビルを中心に、全米でもいち早くカリキュラムを真空管中心から半導体中心にシフトしており、シリコンバレーの頭脳的な役割を果たしていた。

個人的にもリンビル先生には何かにつけて貴重なアドバイスをいただき、私にとってのメンターであった。振り返ってみると、人生の節目、節目で思いがけない「出会い」があるが、スタンフォードにおけるリンビル先生との出会いも極めて貴重なものであり、半導体人生における大事な恩人の一人である。

以下は、留学時の印象の中で強く残ったことを記したものである。

(1)広々とした素晴らしいキャンパスの環境。あまりの広さのため、教室から教室へ移動するには自転車が必需品となる。またキャンパスに隣接して立派なゴルフ・コースがあり、トム・ワトソンやタイガー・ウッズは、ここから世界のプレーヤーとして巣立っていった。

(2)教授陣は教え方が上手く、極めて懇切丁寧であり、学生も納得のゆくまで熱心に質問する。先生によっては毎週宿題を出して採点し、学期の中間と最終にはテストを行う。また期末には、学生が先生の評価を行うシステムになっていた。

(3)コンピュータ・プログラムは全員必修。スタンフォード大学のコンピュータ・センターにはバローズ社の大型計算機が設置されていた。学生は「ＡＬＧＯＬ」と称する言語の授業を受け、最終テストでは与えられた問題（たとえば迷路問題など）を実際にコンピュータによって解かなければならない。米国のコンピュータリゼーションを推進する原動力を見る思いであった。

(4)留学生の受け入れ態勢が極めて良く整備されており、「米国で学んでよかった」という印象を持って帰国する人が多い。ホームスティの制度、留学生同士のヨセミテ渓谷への旅行、ロサンゼルスでの新年会、「ジャパン・デー」の催しなど、今でも忘れがたい思い出となっている。

(5)学生同士の秘めたる競争の激しさ。この時期はベトナム戦争の最中であり、成績が悪いと徴兵される可能性が高まる。あるとき一人の米国人学生がやってきて、「昨日の講義に出られなかったのでノートを貸してほしい」という。私は、「英語での講義に完全にはついて行けないので、ノートは不完全だ。君の友達のS君もクラスに出ていたので彼に借りると良い」とアドバイスしたが、「アメリカ人同士は競い合っているので借りにくいのだ」と言う。私は（恥ずかしい思いもあったが、武士の情けで）自分のノートを貸すことにした。戦争が落とす微妙な影を感じたのであった。

(6)シリコンバレー企業との産学連携。大学は、研究開発の先導役を果たすと同時に、有能な人材を輩出する。企業は、共同研究プログラムに参加して財政面で大学を支援するのみならず、大学に講師を派遣することもある。シリコンバレーの発展にスタンフ

図1－4　ジョン・リンビル教授ご夫妻と共に（1990年4月）
（左からご夫人、リンビル先生、筆者、安井徳政氏）

ォードが果たした役割は、極めて大きなものがある。

時計の針は一九九〇年の春に飛ぶが、私の半導体人生における恩人とも言うべきジョン・リンビル先生ご夫妻をサンノゼ（カリフォルニア州）の日本料理店にご招待した（図1-4）。先生はすでに第一線を退いておられたが、ますますお元気で思い出話に花を咲かせたのであった。スタンフォードの思い出は、今でもあざやかにわが胸に生きている。

4　トランジスタの発明

トランジスタは真空管に代わる新しい固体素子の可能性についての幅広い基礎研究の成果として生まれたものである。この研究の推進役を果たしたのは一九三六年にベル研究所の研究部長に就任したマービン・ケリーであった。ケリーは長く真空管の改良研究に携わっていたが、真空管の持つ基本的な限界（すなわち、サイズの大きさ、フィラメントを加熱するための電力消費、短い寿命など）を認識したうえで、抜本的に違う原理に立脚したデバイスの開発を目指したのである。そのために「固体物理研究グループ」を組織し、ウィリアム・ショックレー、ジョン・バーディーン、ウォルター・ブラッテンを中心にその研究にあたらせた。

一九四七年一二月に上記メンバーによってトランジスタが発明され、同月二三日に幹部向けの内部公開がおこなわれた。クリスマスの直前であったため、「トランジスタは二〇世紀最大のクリスマス・プレゼント」といわれている。

　発明された当時のトランジスタ構造を図１－５に示すが、ゲルマニウムの基板（ベース）に二本のタングステン針（それぞれ、エミッタ電極とコレクタ電極）を近接して接触させたものであり、点接触型トランジスタと呼ばれた。

　トランジスタが一般の新聞等に公表されたのは発明から半年後の四八年六月三〇日であったが、そのときの各紙の反応は冷たいものであった。たとえばニューヨーク・タイムズ紙は翌日の朝刊で「トランジスタと名付けられたこの新しい電子部品は、ラジオなど真空管を使っている各種の電子機器に応用できる」という小文を紹介しただけであった。

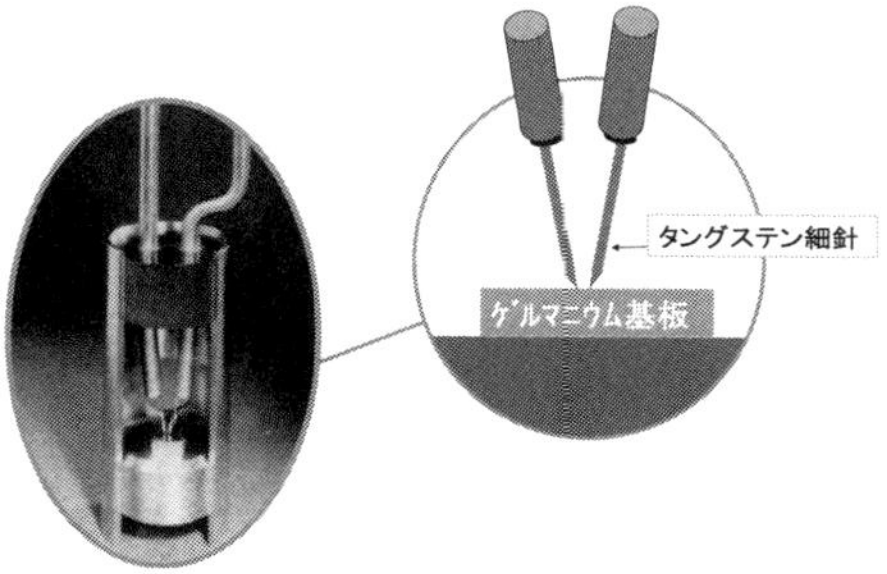

図１－５　点接触型トランジスタ（ウエスタン・エレクトリック社製）

　さて、このニュースが日本に到来したのは、米国での発表から半月ばかり経過した七月中旬だったという。情報を提供したのはＧＨＱ（連合国軍最高司令官総司令部）の民間通信部・研究部長というポストにあったＦ・ポーキングホーン氏、受け取ったのは当時電気試験所長の駒形作次《こまがたさくじ》氏、東北大学教授の渡辺寧《わたなべやすし》氏とされている。

　振り返れば、この発明はいわば半導体産業のビッグバンとも言うべき大発明だったが、点接触型の構造のままでは信頼性や再現性に乏しく、実用化には難があった。ショックレーは実用に耐えるトランジスタについて考察を重ね、四九年に「接合型トランジスタ」のアイデアに到達した。しかし、それを実際に作ることには難航し、試作に成功したのはアイデアから二年後の五一年七月であった。ここに至って初めて真空管を置き換えうるトランジスタの幕開けが来たといえる。後日（一九五六年）、このような業績によって、ショックレー、バーディーン、ブラッテンの三人にノーベル物理学賞が与えられたのである。

ベル研究所では五一年九月にトランジスタについての第一回シンポジウムを開き、点接触型および接合型トランジスタの詳細を一般に披露した。そしてトランジスタの特許を管理するＷＥ（ウエスタン・エレクトリック）社はこの特許を二万五〇〇〇ドルで公開することにした。

同社が、特許料を支払った企業を対象にして第二回シンポジウムを開いたのは五二年四月であった。この時の発表内容の記録が「トランジスタ・テクノロジー」としてその年の夏に発刊された。この本はそれ以後の世界における半導体研究のバイブルのような役割を果たすことになったのである。日本でもこの本が半導体を始める企業や研究所にとって大事な役割を果たしたことは言うまでもない。

5　シリコンバレーの起源

さて、接合型トランジスタの開発によって、ラジオなどの応用分野が拓けて、トランジスタ産業が離陸するきっかけができたのであるが、その後も画期的なデバイスの開発が続いた。中でも特筆すべきは一九五四年にＴＩ（テキサス・インスツルメンツ）社がシリコン・トランジスタを開発したことである。これによって使用温度の範囲、電流容量、高電圧耐性は著しく改善され、テレビへの応用にも道を拓くことになった。また、五五年のメサ型トランジスタの開発によってベース領域の幅をそれまでの構造よりもはるかに薄く、また均一にできたので、高周波特性は格段に改善され、テレビのチューナーなどにも使用できる可能性がでてきたのである。

ベル研究所においてトランジスタ研究のリーダーとなっていたショックレーは極めて優れた頭脳の持ち主であった反面、猜疑心が強く対人関係をうまく築くことができなかった。そのためトランジスタ発明者の一人、バーディーンは五一年にベル研究所を去ってイリノイ大学へ移り、ブラッテンもショックレーとは別のグループに移った。

一方、ショックレーは自分で半導体の会社を設立すべくスポンサーを探し、計測器メーカーを経営するベックマンに出会って助力を求めた。その合意を得て五六年二月に「ショックレー半導体研究所」をスタンフォード大学の近くのマウンテンビューに設立した。

ショックレーは全米の優秀な技術者に電話をかけ、二五人の社員が集まった。その中には後のインテルのトップになるロバート・ノイスやゴードン・ムーアをはじめとして錚々たるメンバーが含まれていた。しかしショックレー研究所においても同氏の偏った性格が原因で社員との間にもめごとが絶えなかった。そしてついに五七年に、ロバート・ノイスを中心とする八名がまとまって退社したのである。彼らはショックレーによって「八人の裏切り者」というレッテルを貼られることになったが、ニューヨークに本社を置くフェアチャイルド・カメラ・アンド・インスツルメントの社長に話を持ち掛け、その会社の出資を得てフェアチャイルド・セミコンダクターを設立したのである。現在、ショックレー半導体研究所はすでに消滅しているが、その跡地がシリコンバレー発祥の地とされている。

フェアチャイルド・セミコンダクターはトランジスタ、ＩＣ分野で躍進したが、ノイスは親会社との意見が合わなくなり、一九六八年にムーアとともに独立してインテルを創設した。インテルの他にＡＭＤやナショナル・セミコンダクター、ＬＳＩロジックなども独立を果たし、このような動きはさらに広がっていった。フェアチャイルドからスピンアウトした企業はまとめてフェアチルドレン（フェアチャイルドの子供たち）と呼ばれたが、この「子供たち」の輪の広がりが今日のシリコンバレーの発展につながったのである。

時は移って二〇一八年、ＩＥＥＥ（米国電気電子学会）はマウンテンビューにあるショックレー半導体研究所の跡地を正式に「シリコンバレー生誕の地」として認定する記念式典を開催した。現在はこの地に記念碑が建てられている。

6　ＩＣ（集積回路）の発明

今日のＩＴ社会を築くにあたってＩＣの発明が果たした役割は極めて大きく、筆舌に尽くしがたい。二〇〇四年にＩＥＥＥスペクトラム誌が発刊四〇周年を記念して行ったアンケートに答えて、インテル会長（当時）のクレイグ・バレットは次のように述べている。「ＩＣがなければＰＣも携帯電話も大きなビルのようなものになっていただろう」。これはＩＣの発明がいかに大きなインパクトを持つものであったかを端的に示す言葉である。今日のＩＴ社会はまさにＩＣの発明とその後の技術革新によってもたらされたものである。

トランジスタの発明から約一〇年が経過した一九五〇年代の後半、半導体は軍需応用、コンピュータ、民生機器などいろいろな分野に拡がろうとしていた。システムが大型化し、複雑化するにつれて問題になってきたのが、部品間の相互結線数の増大である。配線の数と半田付けの箇所が多くなることによってシステムの性能、コスト、信頼性、重量・サイズなどすべてが大きな制約を受けるからである。この問題はTyranny of Numbers（数の横暴）と呼ばれ、産業界の共通問題としてその対策が求められ、いろいろな角度から技術開発が進められていた。

特にこの問題を重大視したのは軍需産業である。米ソの二大国がにらみ合う冷戦の時代にあっては、大陸間弾道ミサイルをどれだけ遠くへ飛ばすかが大きな課題だったのだ。そのニーズを端的に表すのが“One pound lighter, one mile further.”という表現である。すなわち、「ミサイルが一ポンド軽ければ、さらに一マイル遠くまで飛ばせるのだが」といった願望をこめた表現である。

ＴＩ社でもそのような問題にチャレンジするために軍との共同開発が進められていたが、その方式はマイクロモジュールと呼ばれていた。トランジスタや抵抗、コンデンサなどの電気部品を超小型の寸法に実装する方式である。同社のジャック・キルビーもその開発メンバーの一人であったが、この方式に疑問をいだき、これを超える独自の方式について思案を重ねた。その結果として生まれたのが「モノリシック集積」のアイデアである。「モノリシック」は「一つの石」を意味する形容詞であり、一枚の半導体基板に各種の電気部品を集積する方法、すなわち今日のIC（集積回路）の基本コンセプトであった。

キルビーがICを発明したのは一九五八年七月二四日である。この日付からもわかるようにその日は夏の盛りであり、同僚はほとんど夏休みをとっていた。当時三四歳の彼は、他社から移籍して間もないために休暇をもらうことができず、ただ一人実験室に残ることになった。世紀の大発明はまさにこのときに生まれたのである。

彼のアイデアをベースにしてさっそく発振回路の試作が始まった。同年九月一日に完成した試作品は幹部が見守る中で見事に作動し、これを契機としてTI社はマイクロモジュール方式に代えてキルビーが発明したモノリシックICの方式を本命として推進することにしたのである。

一方、フェアチャイルド社のロバート・ノイスは、ほぼ半年遅れの一九五九年一月二三日にプレーナ技術（平坦な基盤上で配線を行う方式）をベースにしたICの基本概念を考案し、研究ノートにそれを記した。キルビーに遅れをとったとはいえ、ノイスの発明のほうが今日のICの実現には不可欠な基本要素を含んでいた。すなわち、キルビーの発明では基板上の素子間の接続はボンディング・ワイヤによってなされていたが、ノイスの方式では基板の酸化膜上に蒸着した金属膜を加工することによってなされたのである。今日の観点からすればノイスの方式がはるかにエレガントであったといえよう。

ＩＣの発明者は基本コンセプトを発明したキルビーか、それとも実現性の高い方法を発明したノイスか？　この後一〇年にわたって特許権の帰属をめぐる法廷闘争が繰り広げられた。その間の法廷闘争の経緯はＴ・Ｒ・リード著『ザ・チップ』（邦訳『チップに組み込め！』草思社、一九八六年）にくわしく述べられているが、ここではその概略を紹介するにとどめる。

実際にＩＣを発明した時点ではノイスのほうが遅れをとったのであるが、特許出願の点ではノイスの方が早かったため、最初の特許はノイスに与えられることになった。しかし、キルビーは研究ノートへの記載がノイスよりも早かったことを証明することができたため、一転して特許はキルビーのものとなるが、係争はこれで決着したわけではない。このあと両者の特許ポジションについてのヒアリングが行われ、半導体の権威者の一人が「キルビー特許のみでＩＣを作るのは現実的ではない」という趣旨の証言をしたことから、判決は再度ノイス側に有利となった。それに対してキルビー側は総力をあげて反撃する。このようにして、行ったり来たりの係争が繰り返される中でＴＩ社とフェアチャイルド社のトップによる会談が持たれ、ＩＣの発明はキルビーとノイスの両者がシェアする形となって決着を見たのである。今日でも「キルビーとノイスがＩＣの共同発明者」という表現がなされている。

時は移って一九九一年一〇月。私はキルビーが来日の折に、アドバンテスト社のご配慮によって食事の席をともにする機会があった。最初に受けた強烈な印象はその威風堂々たる体軀である。そして、気取ることなく太く低い声でゆっくりと話をする。平野部の大河が悠々と流れていくような雰囲気をかもし出していた。世紀の大発明をした方が直々に、その当時のことを懐かしそうに語るのを拝聴できたことはまことに光栄であり、有益であった。図1－6はこのときに撮った写真である。

キルビーは二〇〇〇年にノーベル物理学賞を受賞した。このときノイスはすでに他界していたため、キルビーの単独受賞になったものと思われる。キルビー自身も折に触れて「ICについてはノイスも類似のアイデアを持ち、実現手段も考案していた」と述べているので、もしノイスが生存していれば、ノーベル賞も（特許の場合と同じく）両者がシェアする形になっていたかもしれない。

図1－6　ICの発明者ジャック・キルビー（左）との歓談

さて、最初にICを商品として発売したのはフェアチャイルド社であり、一九六一年のことであった。能動素子としてバイポーラ・トランジスタを使っていたのでバイポーラICと呼ばれる。これに続いてICの分野においてはいろいろな技術開発が行われ半導体技術革新の中核となって今日に至っている。

六四年には、TI社他からMOS ICの発表があり、続いて六八年にはRCA社からCMO

ＳＩＣの発表があった。ＣＭＯＳ　ＩＣは消費電力が極めて小さいという特徴があるもののスピードが遅くまた高価であったため、初めは軍用などの特殊な分野に限られていた。大量生産されるきっかけを作ったのは日本における時計と電卓への応用であった。その当時メモリやマイコンなど半導体の主流製品にはＮＭＯＳ　ＩＣが使われていたのである。

一九七〇年代末になって、ＣＭＯＳの高速化技術が日立で開発され、現在では半導体の主流デバイスになっている。この経緯については、第３章において改めてその詳細を述べる。

昨今、半導体の技術開発には大勢の技術者と多額の資金が必要とされる。ＩＣが発明された当時と今日とを単純に比較することはできないが、キルビーの発明もノイスの発明も多くのリソースに頼ることなく、ただ一人の技術者の洞察力と想像力によって成し遂げられた。技術開発にあたっては金額や人数の多寡の前に、将来に対する洞察力と想像力とが何よりも大事であることを示している。

第2章
ＬＳＩ時代の幕開け

１　ＬＳＩに向けての胎動

ジャック・キルビーとロバート・ノイスによって一九五〇年代末にＩＣが発明され、フェアチャイルド社によって六一年に最初のＩＣが商品化されて以降、その技術革新のテンポはまことに目ざましく、集積度（チップ内に集積される素子数）は年ごとに伸び続けていた。この延長線上にＬＳＩ（**Large Scale Integration**、大規模集積回路）の時代がやってくる。

ＬＳＩの概念の萌芽は一九六四年にＥ・Ａ・サックたちが***Proceedings of the IEEE***誌に発表した**"Evolution of the concept of a computer on a slice"**（一枚の板上のコンピュータ）という表現の中に見られる。この表現は現実とはかなりかけ離れたものであったが、ＩＣの将来方向を正しくさし示していたといえる。

その翌年、ゴードン・ムーアはＩＣの集積度の伸びについて定量的な検討を行い、「ＩＣの集積度は毎年二倍のペースで増える」との結論を出した。さらにこのトレンドを一〇年延長するとその集積度は一〇〇〇倍になるとして、大胆な予想をしたのである。これが後にムーアの法則として有名になる。ムーアの論文にはＬＳＩという表現は出てこないが、遠からずＬＳＩの時代が来ることがはっきりと予想されていた。

六八年になるとＬＳＩに関連した話題が学会・業界で盛んになり、電気学会雑誌はこの年にＬＳＩについての解説記事を連載した。私は「ＬＳＩの製造技術」のテーマで執筆の依頼を受け、一〇ページに及ぶ解説記事を寄稿した。

その当時、ＬＳＩの実現に向けて多くのアプローチが提案されていた。各社のアプローチは次のように分類される。

LSI on Slice(モノリシック方式)

(A)選択配線方式

この方式ではまず通常のＩＣの製法にしたがってユニットセル（ゲートやフリップフロップなど）のアレーを作り、プローブ検査でセルの良否を判定する。この情報をコンピュータに入力し、良品セルのみを使って所望の機能を満たすように配線図を出力する。この配線図からマスクを作り多層配線方式でＬＳＩを作る。この方式はＴＩ（テキサス・インスツルメンツ）社が推進した技術で、歩留が低いときは効果があるが、歩留の向上とともに優位性は薄れ、大きな流れにはならなかった。

(B)マスタスライス方式

あらかじめユニットセルのアレーを準備しておき、ユーザーからの要求に応じて相互配線のマスクを設計し、多層配線方式でＬＳＩを作る。フェアチャイルドではマイクロマトリックスと呼んで、ＬＳＩの中には三二個のゲートが含まれていた。この方式は後のゲートアレー方式へとつながった。

(C)特定機能方式

ユーザーからの要求を満たす回路を専用に設計し、そのマスクを使ってＬＳＩを作る。設計には手間がかかるが、最も小さなチップサイズになるため、大量生産の場合は有利となる。この方式はカスタムＬＳＩ方式として量産化され現在につながっている。

LSI on Substrate(ハイブリッド方式)

(A)フェイスダウン・ボンディング方式

あらかじめ配線を施したセラミックなどの基盤に、チップの表面を下（フェイスダウン）にして接着させる方式の総称であり、実現する手段は各社によってまちまちである。この方式はメインフレームの論理演算回路向けなどに実用化された。

(B)ビームリード方式

チップから取り出した金合金のビーム状リード線を用いて、フェイスダウンでセラミックなどの基盤に接続する方式である。この方式はベル研究所で開発された技術であり、高信頼、高性能ＬＳＩとして期待されたが、大量生産には至らなかった。

(C)ＳＯＳ方式

サファイアの基盤の上にエピタキシャル法によってシリコンの単結晶層を作り、その中に半導体デバイスを作りこむ方式であり、オートネティクス社が開発した。この当時は技術が未熟なため、トランジスタの電流増幅率は二〜二〇程度であり、実用化には至らなかった。

上記のように、この当時のＬＳＩは「言葉先行」の感が強く、多くの技術開発が並行して進められて賑やかであった反面、ビジネスとしての実態は「よちよち歩き」の感じがあった。これらの技術が淘汰されて、次第にモノリシック型に絞られていったのである。半導体の長い歴史の中で、六〇年代の後半はＬＳＩに向けての試行錯誤の時代であり、その胎動期にあったといえよう。

2　電卓が拓いたＬＳＩ時代

前にも触れたが、私が最初にＬＳＩという言葉に出会ったのはスタンフォード大学に留学中の六六年二月、ＩＳＳＣＣ（国際固体素子回路会議）に出席したときである。この会場においてＩＣの発明者として当時すでに有名になっていたジャック・キルビーがＬＳＩについてのスピーチを行った。当時のＩＣの集積度がせいぜい数ゲートの時代に数百ゲートを集積できる技術に関するもので、衝撃的とも言える印象を受けたのであった。留学から帰国後、上長への報告ではＬＳＩのことを大きく取り上げ、「日立でも早くＬＳＩの時代に備えるべきである」という趣旨の提案を行った。

当時の上長の伴野《ともの》正美《まさみ》さん、柴田昭太郎さんによってその提案が受け入れられ、帰国一年後の六七年に私は中央研究所に転属となり、そこで永田穣《ながたみのる》さんのグループでＬＳＩの研究に従事することになった。しかし、ＬＳＩの研究活動に携わったのは短期間であり、翌六八年には再度元の武蔵工場に転勤となる。設計課長としてＬＳＩの立ち上げに備えるためであった。日立では一年ごとの移動はあまり例のないことであったが、この時期は半導体の分野が大きく羽ばたく前兆のような時期にあり、前例のないことでもためらうことがなかったのであろう。

電卓産業のきっかけとなったのは、シャープ（当時は早川電機工業）が一九六四年に商品化した世界初の電卓である。初号機（ＣＳ－10Ａ）にはゲルマニウム・トランジスタが使われ、五三万五〇〇〇円で発売された。翌六五年にはシリコン・トランジスタを使った機種が売り出され、値段は五〇万円を切り、商品として大ヒットした。続く六六年にはバイポーラＩＣを使った機種を製品化し、さらにその翌年にはＭＯＳ型ＩＣで構成した機種が発売され、価格は二三万円まで低下した。毎年のように半導体の新技術を駆使した新モデルが世に送り出されたのである。

この段階にいたって「MOS ICの次はMOS LSI」という方向が明確となり、その推進役の中心はシャープの佐々木正氏であった。同氏はまず国内半導体メーカー（日立、三菱、NECなど）の幹部を訪問してMOS LSIの開発量産を打診したが、「LSI技術は未熟であり、時期尚早だ」ということで話し合いは不調に終わる。

六八年五月に渡米し、フェアチャイルド社、TI社、AMI社などを含め全部で一一の会社を回ったが、ここでもすべて不調に終わった。そして最後に訪問したノースアメリカン・ロックウエル社との二回目の商談でようやく話がまとまったということが報道された。LSIの数量は三〇〇〇万個、金額にして三〇〇〇万ドル（単価一〇ドル）というLSI史上最大の取引といわれた。この商談は日本の電卓メーカーと半導体メーカーの双方に強烈なインパクトを与えた。

この時期、日立製作所の電卓事業は亀戸工場が担当していたが、全社の力を結集したLSI化への取り組みが検討されていた。そして、六八年一〇月に亀戸工場から「オールLSI電卓を七〇年中に商品化する」との目標が提示され、LSIの数は一〇個以内とされた。明けて六九年一月四日にLSI開発の特別研究（日立の研究開発の制度で「特研」と略称された）のキックオフが行われた。構成メンバーは亀戸工場、中央研究所、半導体事業部の三部門であり、私も常連のメンバーとなった。

この「特研」が進行中の三月にシャープから初めてのLSI電卓（QT－8D）の製品発表がなされたのである（図2－1）。四個のLSIと二個のICから構成された電卓は従来品に比べてはるかに小型・軽量であり、しかも九万八〇〇〇円と初めて一〇万円を切る破格の値段であった。この電卓の登場によって、いよいよ本格的なＬＳＩ時代の幕開けとなったのである。

3　アットオドロク！　ＬＳＩ人事

このようなＬＳＩの時代に備えて日立では六九年一一月、これまでに前例のないような人事・組織の大改正が行われた。当時の日立の基本的な組織は「工場中心主義」であり、設計・製造・管理など事業運営の枢要な機能はすべて「工場」に集中させていた。すなわち、工場は「一国一城」の体をなしており、工場長は一国一城の主だったのである。

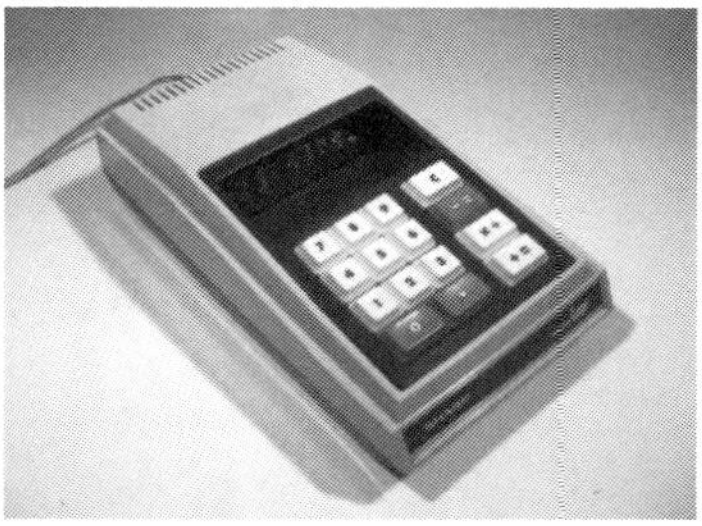
図２－１　初めてのLSI電卓（シャープQT－8D、1969年）

改正された新制度では、半導体部門において初めての例外が認められ「事業部中心主義」の組織となった。前例を破って、基本的な組織を変えることになったのである。工場では**How to make?**（いかにしてよいものを作るか）に集中し、事業部はマーケティング・企画・開発を中心にして**What to make?**（何を作るか）に重点を置く体制である。

もともと日立の主力製品は発電機やエレベータなどの重電品であり、顧客の数は限られている。したがって**What to make?** については顧客のほうから詳細が指定され、日立では**How to make?**に集中することができたのである。一方半導体の場合、顧客はグローバルに広がっており、数えきれないほどである。したがって、**What to make?**は自社で考えなければならないことが多く、これが市場における競争力を左右する。今度の改正によって設計開発部門は事業部の所属とし、工場は製造に専念する体制になったのである。

組織の変更にあわせて人事の面でも大幅な若手抜擢が行われ、私は三二歳で「製品開発部長」に任命された。これは後にも先にも、日立における最年少部長の記録となっている。「プロセス開発部長」の西田澄生氏は一年上の三三歳だった。

この若手抜擢の人事は各種の新聞、雑誌などに取り上げられたが、最も大きく取り上げたのは図2－2に示す『夕刊フジ』（六九年一二月七日付）である。一面全部を使っての報道となっていた。ページのトップには「アットオドロク……重役会も祝電の友人も本人も」のタイトルが大書されていた。この当時、巷で流行っていたテレビのギャグ「アッと驚く為五郎《ためごろう》」の一部フレーズを引用する形で驚きを表現したものである。その下に私の大きな顔写真があり、左には「〝野人〟日立に三二歳部長」、「花のエレクトロニクス・若い頭脳」、右には「入社10年、同期の桜はショック」などの見出しが躍っていた。

また週刊ポストのトップ記事では「〝経営戦艦〟日立が抜擢した三二歳の部長…… 〝おそい昇進〟で有名なマンモス企業が、なぜ踏み切ったのか?」というタイトルで取り上げた。

そのような中で、今でも忘れがたいのは当時すでに作家としての名声を博していた城山三郎氏のインタビューである。緊張しっぱなしの一時間であったが後日拝読すると大変丁寧にまとめていただいており、恐縮するとともに胸をなでおろした。

このような組織体制の大転換や人事の大幅な若返りは、重電分野が中心の日立においては前例のない大改革であったが、当時の半導体部門の幹部の武井忠之さんや伴野正美さんからの提案を受け、駒井健一郎社長の英断で決まったと言われている。「ＬＳＩ時代の到来に備えて、エレクトロニクス分野では若い頭脳を生かし、新しい道を拓くべきだ」という趣旨の社長決断であり、体制の刷新であったのだ。それは躍進する当時の日立のダイナミズムと柔軟性を象徴するような改革だったともいえる。

10円
12月7日(日)
夕刊フジ
アット オドロク…
重役会も祝電の友人も本人も
入社10年、同期の桜はショック
〝野人〟日立に32歳部長
花のエレクトロニクス 若い頭脳
プロセス開発部長には33歳

図２－２ 「夕刊フジ」のトップ記事（1969年12月７日付）

一方で日立のような大会社にあっては、このような形の破格の抜擢昇進は単純に喜んでばかりはいられない。社内事情に通じた先輩からいただいたアドバイスを今でも記憶している。「今回の異例の抜擢は大変名誉なことではあるが、わが社の重電分野ではありえないことだ。これは『出る杭』になったことを意味する。出る杭は叩かれることを忘れるな」。

この先輩が言わんとしたことは日立の本流は重電分野であり、半導体は傍流である。傍流が出すぎると叩かれるということであったのだろう。初めはピンと来ない面もあったが、数年を経てからこの言葉の本当の意味がわかるようになった。

４　ＬＳＩ事業の立ち上がり

六九年一月にスタートした日立の「特研」は、三月のシャープのＬＳＩ電卓発表に刺激されて加速し、予想以上の成果を収めた。七〇年五月には「国産初のＬＳＩ電卓完成」という内容の新聞発表にこぎつけたのである。シャープの発表からは一年余り遅れたが、「国産初」という栄誉に輝いた。

この成果を受けて、半導体事業部の幹部が電卓メーカーのトップを訪問して「わが社でも電卓用ＬＳＩの量産が可能となった。カスタム設計の体制もできたのでいつでもお引き受けできます」といったメッセージを伝えた。

私は前年一一月の若手抜擢人事で製品開発部長に就任した直後であり、多くの顧客からのＬＳＩ開発の要求に対応する責任者の立場にあった。顧客の中にはシャープ、カシオ、リコー、立石、ソニー、ブラザー、キヤノン、オリベッティなど国内外のほとんどの電卓メーカーが含まれていた。われわれの強みのひとつはコンピュータを使った設計システム（ＣＡＤシステム）を早期に開発して、多くのカスタム設計をこなす体制が構築できていたことである。

数々のカスタム品開発についてはそれぞれに思い出があるが、その中で忘れがたい二つのプロジェクトについて紹介したい。最初のケースはリコーの電卓向けLSIの開発であり、社内では「ジョニ黒プロジェクト」と呼ばれていた。

七一年一一月五日、リコーの幹部が来訪され、次期電卓向けに2チップLSIの開発についての打診があった。リコー側の論理設計が年内に完成するので、これを受けて七二年三月までにサンプルを完成させ、四月二〇日からドイツのハノーバーで開催されるショーに出展し、四月末から量産出荷を始める、との日程であった。「この日程を守ってくれれば、ジョニ黒を二本差し上げる」とのおまけつきである。ジョニ黒とは「ジョニー・ウォーカー黒ラベル」のことで、当時は高級ウイスキーの代名詞になっていた。

リコーの幹部は日立への来訪の前に、当時LSIの最強メーカーとみなされていた米国AMI社を訪問して開発を打診したとのことであった。AMI社はこの日程があまりに厳しいので躊躇して会談は物別れとなり、その直後の日立への開発打診であった。私は実務担当の松隈毅氏など技術者の意見を聞いた上で、リコーの「ジョニ黒プロジェクト」を引き受けることにした。

これは、われわれのLSI開発能力に対する試金石のような案件だったのである。レイアウト設計には万全を期して二重、三重のチェックを行い、マスク製作に始まるすべての工程を「特急」扱いで進めた。

そして最初の試作品は見事に作動し、リコーに対する約束納期をキープすることができたのだ。

この機種は一〇桁のプリンタつき電卓であり、リコーの戦略機種として「てんてんP」の愛称で大々的に発売された。

リコーからは約束通り二本の「ジョニ黒」が届けられ、祝杯をあげた。これまでLSIでは米国が進んでおり日本は遅れている、というのが定説であったが、このプロジェクトの成功により定説を覆すことができたのだ。われわれの開発グループにとってはジョニ黒の味も格別であったが、「LSI最強メーカーのAMIに勝てた!」ということがそれ以上の喜びであり、自信が広がっていったのであった。

次のケースはカシオとの共同開発である。後日「答え一発! カシオミニ」のTVコマーシャルで有名になった機種のLSI開発であり、業界初となるワンチップ電卓であった。七二年三月九日、カシオの電卓担当の幹部が来訪された。この開発は極めて重要な案件で、日程の厳守が最重要であるとのことだ。サンプルを五月中に完成させ、六月には一万個、七月には二万個のLSIを出荷してほしいという内容である。しかも、LSIの値段は一五〇〇円以下というターゲットも示された。

極めて厳しい納期であったが、この案件を引き受けてから、開発は夜を日についで進められた。幸いにして試作品は予定よりも早く仕上がり、しかも一発で完動した。六月に入って再度カシオの幹部が来訪され、さらなる増量の要求があった。七月に四万個、八月に一〇万個、九月には二三万個という前例のないような数量が示されたのだ。

そして八月にカシオから大々的に発表されたのが図2-3に示す六桁電卓「カシオミニ」であ

る。極めて斬新なコンセプトの商品で、当時の電卓は最低でも八桁表示であったが、それを六桁表示にし、必要に応じて表示の切り替えで一二桁までの答えが出せるようになっていた。大きさは従来機種の約四分の一でポケットに入れる大きさを実現した。さらに衝撃的だったのは価格が一万二八〇〇円と、これまでの三分の一であった。テレビでは「答え一発！　カシオミニ」のコマーシャル（歌：岡田恭子）で大々的な宣伝広告が繰り返された。

カシオミニは爆発的に売れた。同社のホームページには発売後の一〇カ月で一〇〇万台を突破し、生涯売り上げは一〇〇〇万台に達した、とある。この機種は電卓戦争の行方に大きな影響を与えた。多いときは六五社を数えた電卓メーカーの中には激しい競争から脱落するところも出始めた。一方、カシオは電卓メーカーの雄としてのポジションを固めていったのである。

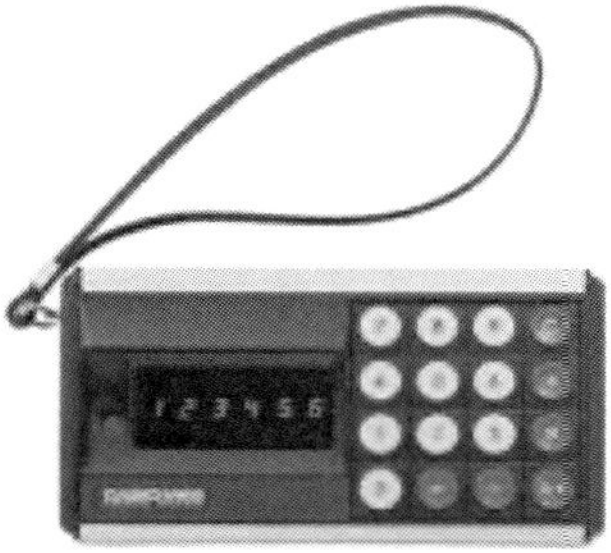
図2-3　答え一発！　カシオミニ（1972年）

日立のLSIはカシオ以外のメーカーにも大量に供給されて高いシェアを持っていたが、カシオミニの大ヒットはLSI事業にさらに強烈な追い風となった。七二年下期における日立LSIのシェアは六五％に達し、圧倒的とも言えるポジションを確立することができたのである。電卓用LSIの成功によって、日立の半導体部門は「黄金時代」とも言える大躍進を遂げたのであった。

このように、わが国半導体産業の強力な牽引車となったのは一九六四年にシャープが世界で初めて製品化した電卓である。その勢いがいかに激しいものであったかを見てみよう。

『電子工業五〇年史』には電卓の生産統計が六五年から掲載されているが、最初の年の日本全体の生産数は四〇〇〇台、売り上げは一八億円である。その後、年を追って伸長しそのペースはまさに指数関数的な勢いであった。七〇年には初めて一〇〇万台を突破して一四二万台、七四年には一五〇〇万台に達し、売り上げは一八〇〇億円と大きな産業に成長した。すなわち六五年比で数量は三〇〇〇倍、売り上げは一〇〇倍の市場規模になったのである。一方、単価の下落も激しく、三〇分の一になった。

そのような状況下にあって、日立では設計・製造・営業部門が総力を結集して急速な立ち上げに成功し、市場シェアを伸ばしていった。七二年下期に六五％のシェアを確保してからは多くの競合メーカーが出てきたものの、七三年のシェアも五〇％をキープすることができた。

このような高いシェアを確保できた背景には、幹部の経営方針をはじめ、販売部門、製造部門の必死の努力があったが、中でも特筆すべきは他社に先行した「ＬＳＩ　ＣＡＤシステム」の確立であった。当時、市場には多数の電卓メーカーが参入しており、それぞれのメーカーがカスタムＬＳＩの開発を要求していた。日立半導体部門のＣＡＤシステムは、このような要求を満たすための最大の武器となっていたのである。

電卓用ＬＳＩの事業の成功によって、七三年には「電卓用ＬＳＩのＣＡＤシステム」の表題で市村賞を共同受賞することになった。市村賞はリコー三愛グループ総帥の市村清《いちむらきよし》の紺綬褒章受章（一九六三年）を記念して創設されたものであり、わが国の科学技術の進歩、産業の発展に貢献したグループまたは個人に与えられる賞である。

市村賞記念品

左から久保征治氏、筆者、永田穣氏

図２－４　市村賞授賞式（電卓用LSIのCADシステム、1973年）

図２－４は授賞式における写真であるが、中央研究所の永田穣氏、久保《くぼ》征治《まさはる》氏との共同受賞であった。新技術の先行開発によって、日立のＬＳＩ事業が大躍進を遂げたという満足感があり、私自身にとっても最良のときであった。

5　オイルショックの衝撃

日本の電卓産業は七三年のピークを過ぎると、次第に変調をきたした。出荷台数は伸びるが、価格は下落して、売り上げは一進一退を繰りかえし、次第に横ばいの傾向になる。世に言われる「電卓戦争」の激化である。電卓メーカーの乱立と過当競争で、モデルチェンジの期間は短縮し、ＬＳＩの単価は引き下げられ、製品寿命は短くなっていった。これまで日立半導体の躍進の牽引車となってきた電卓用ＬＳＩにかげりが出てきたのである。

主力製品の勢いが削がれ始めたまさにそのタイミングで、突如としてオイルショックがおそってきたのだ。一九七三年一〇月六日に勃発した第四次中東戦争がきっかけであった。オイルショックの襲来によって世界の経済は停滞し、半導体市場も急速に落ち込んだ。七三年には五〇％超の成長を遂げながら翌七四年には急ブレーキとなって、成長率は一〇％と鈍化し、七五年にはマイナス二〇％と史上初めてのマイナス成長となったのである。

この当時「シリコンサイクル」という言葉はなかったが、後から振り返れば七五年の不況はまさに「シリコンサイクル不況の第一波」であったと言うことができる。それから今日に至るまで「好況の後に突如として大不況」といったサイクルが何回も押し寄せたのである。

一九八〇年代までは「シリコンサイクルのピークはオリンピックの年にやってくる」という説もあったが、その後いくつもの例外が出てきてその説は崩れ、シリコンサイクルは突如としてやってくるので予測することはできない。

日立の半導体部門の業績も七五年に急速に悪化して赤字転落となってしまった。日立の伝統的な主力事業は重電分野であるから安定性が高く、このような事例は会社としても初めてのことであったと思われる。本社筋からすれば半導体部門の急激な業績の落ち込みは異常ともいえる状態に見えたのであろう、それが強烈なプレッシャーとなって跳ね返った。そして、本社の意向によって前例のない組織・人事の刷新が行われたのである。

当時、半導体事業部には武蔵、甲府、小諸、高崎の四工場があり、四人の工場長がいた。その中の二つの工場（甲府と小諸）が分工場に格下げになったのである。前述のようにこの当時の日立の組織では、工場は一国一城のようなものであり、工場長はその城主のごとき存在であった。

従って、分工場への格下げはいわば「お家取り潰し」のような感じさえあったのだ。このリストラに伴って半導体分野では多くの幹部が更迭または格下げなどの処分を受けたのであった。そして、半導体事業の再建のために重電分野の幹部（仮にA氏）が半導体事業部長として赴任した。この時以来、日立半導体の経営は急速に重電方式に舵が切られることになる。

事業部長への就任に際してA氏が最初にやったことは「事業部中心」になっていた組織を日立伝統の「工場中心」に戻すことであった。前述のように、当時の半導体事業部においては六九年一一月以来、日立の伝統である「工場中心」でなく、例外的に「事業部中心」の組織になっていた。工場中心の場合、**How to make?**（製造指向）が重視され、事業部中心の場合は**What to make?**（市場指向）が重視されることから、半導体については後者の方式が適していると判断されたからである。

工場中心の場合には厳しい「予算主義」が事業運営の中心になっていた。半期ごとに各工場で売上高、収益、投資額などについて予算が策定され、その内容をしっかり履行することが求められたのである。重電分野においては顧客の数も限られているので、予算と実算が乖離することは少なかった。しかし、半導体分野においては不特定多数の顧客を対象としているので、市場を正確に予想することは不可能に近く、予算と実算が大幅に乖離することも稀ではない。

しかし、このようなことは本社筋から見れば許容しがたいことであったのだろう。今回の半導体事業の赤字転落の最も大きな要因は、半導体部門が例外的に事業部中心になっているからだというのがA氏の主張であった。

この考えをもとに、七六年一二月に組織の再編成が行われ、これまで半導体事業部に所属していた私たちの製品開発部は武蔵工場の組織の中に取り込まれることになる。そしてこの時の異動で私自身も製品開発部長を解任されてしまった。

新しく任命された職名は副技師長であり、事業部幹部のスタッフ業務の担当である。それまでは二〇〇名強の技術者を部下に持つ最大の部であったが、副技師長としては数名のグループを束ねるに過ぎず、大きな落差があった。また、当時の日立の常識では、部長職から副技師長への鞍替えの後はマネジメントへの復帰は望むべくもない。入社以来はじめての挫折に、谷底へ転落したような感覚であった。

将来への展望は開けず、悶々とした日々を送る中で思い出されたのが七年前、異例の若手抜擢で部長に就任したときの先輩の言葉である。「出る杭は打たれるということを忘れるな」という趣旨であったが、そのことが今まさに現実のものとなったように感じられたのであった。

一方、世界の半導体の分野においては、潮流の大きな変化が起こりつつあった。電卓の市場は「電卓戦争」の激化によって、頻繁なモデルチェンジと価格ダウンに見舞われ、将来的には厳しい見通しとなっていた。それは日立半導体の成功をもたらした「カスタムＬＳＩ」の限界を示すものでもあった。これに対し、メモリ・マイコンなどの標準品（汎用品）を中心とした分野が勢いを増していたのである。そして、ここではインテルなどの新興勢力を中心に米国が圧倒的にリードしており、米国にはもっと学ぶべきものがあることを強く認識していた。

現状のままで国内に留まっていても、何らの将来展望も開けないとの思いから、米国シリコンバレー内にメモリ・マイコン関連の設計拠点を設立すべきことを事業部幹部に提言した。この提言があっさり通るとは予想していなかったが、思いもよらず「進めてみよ」との指示をいただいたのである。

そこで自らも活動の中心を米国シリコンバレーに移して、設計会社設立の準備を始めた。当初はＨＩＣＡＬという名の事務所で、数名の所帯でのスタートであった。図２－５にＨＩＣＡＬ創設の頃のメンバーを示す。これが後の設計会社ＨＭＳＩ（Hitachi Micro Systems International）の前身である。ＨＭＳＩは八〇年代から九〇年代にかけて日立半導体部門における重要な設計開発拠点となって大きな貢献をした。

図２－５　HICAL メンバー（左から筆者、元秘書、秘書、川勝文麿氏）

半導体の動きは速い。私がシリコンバレーでの活動を始めてからしばらくして、日立社内では新しい人事構想が出てくる。メモリ・マイコンの時代が迫ってきて、この分野をさらに強化しなければならない事態になったと判断されたのである。それまで、メモリ・マイコンの開発はＭＯＳ ＬＳＩ開発部の中の一つのグループで担当していたが、このグループを部として独立させることになったのだ。

そして急転直下、米国にいた私が呼び戻されてメモリ・マイコン開発の担当部長に就任することになった（七七年八月）。副技師長から部長への復帰はありえないというのが当時の日立の常識だったが、それが実現した背景には半導体の難しさを知る先輩から重電出身の事業部長に対して「この仕事が務まるのは牧本しかいない」と強い推薦があったということを後になって聞いた。忘れることのできない人の絆である。メモリ、マイコンというこれからの半導体の主戦場でチャレンジできる機会が与えられたことに身の引き締まるような高揚感があった。

第3章
日本の躍進と日米摩擦

1　DRAMで世界制覇

ＤＲＡＭ（随時読み出し可能なメモリ）の分野においては、インテルによって１Ｋビットの製品（１１０３）が一九七〇年に開発されて以後、三年ごとに世代交代がなされる形で激しい競争が展開された。１Ｋビットに続いて、４Ｋビット、16Ｋビット、64Ｋビット、と次々に新世代メモリが市場に導入された。

その競争は、国や企業の盛衰にも影響を与え、個人の半導体人生にもインパクトを与えるほどの強烈さで、「ＤＲＡＭには魔物が潜んでいるのではないか」と思うほどの緊張感がつきまとう。自分の人生を振り返っても、ある時はＤＲＡＭの好調に支えられて昇進し、ある時はその不振によって左遷、降格の辛酸をなめることにもなった。

日立が初めてＤＲＡＭを開発したのはインテルに遅れること三年の一九七三年であった。インテルの1103と互換タイプの1KビットDRAMである。この当時、半導体各社がインテル製品との互換品を開発し、それがデファクト・スタンダード（事実上の標準）となっていた。したがってインテルはこの世代における絶対的リーダーとなっていたのだ。

しかし、4Kビットの時代になると状況は一変する。米国勢を中心に各社が様々に異なる仕様の製品を出してきたため、標準化の点からは大混乱が生じた。パッケージのピン数だけでも22ピン型（インテル、モトローラ）、18ピン型（TI）、16ピン型（モステック）と各社各様の製品が市場に導入された。さらにメモリ・セルの方式も4MOS型、3MO型、1MOS型と多様な方式が提案され、電源電圧もまちまちで、各方式でスピード、消費電力、チップ面積についての利害得失が競われたのである。

日立における4KビットDRAMの開発計画も、次々に市場に現れる製品にあわせて二転三転しながら進められた。その結果、この世代だけで六系列も手がけることになり、リソースは分散され、効率は低下した。結局のところ、日立の4KビットDRAMは大きな実を結ぶことなく終焉した。技術レベルが低かったというより、市場の動向をしっかり把握した上での適切な製品企画ができなかったことに主たる原因がある。

そのような乱戦の中でモステクが開発した「1MOS型セル、16ピン型パッケージ」の製品が最も洗練されており、その後の新たな主流となって集約に向かった。

米国業界内においても、4Kビット時代の製品の乱立、仕様の混乱は大きな反省事項となり、このようなことを繰り返さないための標準化活動が強化された。私が最初にその活動を知ったのは七六年一一月、バローズ社のリース・ブラウン氏（半導体のスタッフ・エンジニア）を通じてである。同氏の案内でＩＥＥＥ（アイトリプルイー、米国電気電子学会）東部地区の標準化会合に出席し、多くの示唆を得ることができた。そしてこの動きは後にＪＥＤＥＣ（電子部品の標準化団体）に引き継がれ、私も七七年四月のＪＥＤＥＣ会合に出席した。

その後、日立ではこの会合を大変重要な会議と位置づけ、単に出席するだけでなく、積極的な提案活動も行うようにしたのである。16ＫビットＤＲＡＭでは前の世代の轍を踏まぬように、製品企画には十分の注意を払った。製品仕様、電源電圧、パッケージ外形、ピン配置などについて、業界動向や顧客サイドからのフィードバックを元に詳細な吟味の上で決定を行った。すなわち「製品仕様の定義（プロダクト・デフィニション）」に万全を期したのだ。当時、16Ｋではモステックがトップ・ランナーになっていたが、日立でも七八年半ばには月産一〇万個を超えるレベルとなり、国内、海外の顧客から好評をいただけるようになった。

そのような中で、かつて経験したことのないような大型案件が世界最大のコンピュータ・メーカ、ＩＢＭから飛び込んできた。数回の下打ち合わせを経て正式なプロジェクトが七九年六月にスタートした。そのコードネームはＩＢＭによって「カリブー・プロジェクト」と付けられた。カリブーは北米に生息するトナカイの一種である。

カリブー・プロジェクトの製品は16ＫビットＤＲＡＭを二個、上下に重ねたもので32Ｋビットのメモリである。一個が他の一個を「おんぶ」しているように見えることから、ピギーバック・メモリとも呼ばれていた。今日のＰｏＰ（パッケージ・オン・パッケージ）の走りともいえるものである。

ＩＢＭ社にとっても最重要のプロジェクトであり、八〇年二月にはアル・シスマン氏をリーダーとする同社の関係幹部が来日し、函館にある組立工場の視察を行った（図３−１）。写真に見るように工場の外には一面の雪が積もっていた。

ＩＢＭから提示された生産数量の予測は、初年度の八一年に四〇〇万個、その二年後には一〇〇〇万個にも達する見込みで、当時の常識からすれば桁違いともいえるものであった。日立では設計、製造、品質保証、営業など各部門の総力をあげて取り組んだ。認定試験には数千個に及ぶサンプルが使われ、徹底的な試験が施された。そして、試験開始後半年以上が経過した八一年一月二七日、ＩＢＭ社から「カリブーの認定試験、無事合格！」の知らせが届いたのである。これはプロジェクト・メンバーが待ちに待った一瞬であり、日立がＤＲＡＭで世界制覇を達成する前夜の出来事であった。

カリブー・プロジェクトと前後して、64ＫビットＤＲＡＭの開発のキックオフが七八年七月四日に行われた。この開発は日立の全社プロジェクトとして推進すべく、研究開発担当役員の渡辺宏氏にお願いして特別研究（略称、特研）に指定してもらった。64ＫＤＲＡＭについては日立全社の総力を上げて世界トップを目指そうという意気込みがあったのだ。開発の中心になったのは中央研究所の伊藤清男、デバイス開発センターの谷口研二、川本洋などの各氏、さらには武蔵工場の若手技術者など。私の役割は、開発結果を受けて量産を立ち上げ、販売実績につなげるまでの全体を取りまとめることであった。

七九年五月、64KビットDRAMの開発に成功し、新聞発表が行われた。八〇年に入ると、国内外から多くの引き合いが入ってきた。米国のDEC社、バローズ社、HP社などの中堅コンピュータ・メーカーのほかに、特大の案件はまたしてもIBM社からである。顧客認定の段階までの状況は極めて有利に展開したことから、生産面でも思い切った施策が取られることになり、年明けとともに生産数量は急速に立ち上がっていった。

八一年七月に調査会社のデータクエスト社から64KDRAMについてのトップ・スリーが次のように報告された(カッコ内は四半期の数量)。一位日立(二〇万個)、二位モトローラ(一二・五万個)、三位富士通(一〇万個)。特研を開始してから三年が経過していたが、ここで初めて念願の世界のトップに位置していることが確認されたのであった。

図3-1　函館に集結したカリブー・プロジェクトのメンバー(1980年2月)

日立のメモリ事業が強くなり、プレゼンスが高まったこの時期に特筆すべきことは、若手の技術者が大きく成長したことである。私が海外の顧客を訪問する際は、数名の技術者が同行するのが普通であった。彼らは技術の詳細に通じ、英語も堪能で、顧客技術者とのやり取りでは突っ込んだ対話が可能であった。米国のある販売代理

図３－２　米国企業訪問のヤング・ライオンズ（1980年10月）
（左から筆者、伊藤達氏、遠藤彰氏、石原政道氏）

店の社長は彼らの活動を賞賛した上で「日立のヤング・ライオンズ」と呼んで喝采を送っていた。図３－２はそのような八〇年代初期の躍進期におけるヤング・ライオンズの顧客訪問の一コマである。

　この写真に出ている、伊藤達《いとうさとる》、遠藤彰、石原政道の三氏はいずれもＤＲＡＭ技術の担当者であるが、そのほかにもＳＲＡＭ技術の安井徳政氏、ＥＰＲＯＭ技術の木原利昌氏、品質保証担当の最上晃氏、元木直武氏など一〇人をも超える多士済々ぶりであった。その後、彼らは日立半導体を支える中心的な人材となって活躍した。

　一方、中には技術には精通しているが、英語が必ずしも堪能でなく「度胸で話す」のを得意とする強者もいた。その一つを紹介しよう。

　日立の当時のＤＲＡＭのセールス・ポイントの一つは「単一５ボルト電源」であった。それ以前には二電源、三電源方式などが使われていたのであるが、５ボルトの一電源のみで済むようにしたので使いやすく、これが大きなセールス・ポイントになっていた。ヤング・ライオンズの一人がそれを英語で話すときに「シングル・ゴボルト」と言うので、相手にはなかなか「単一５ボルト電源」ということが通じない。挙句には黒板の所まで出向いての筆談となり、やっと「シングル・ファイブ・ボルト」ということが通じたのであった。このようなエピソードはグローバル化に伴う過渡期において枚挙に暇がないが、世界に目を向ける当時の若いエネルギーがそのような難関を怒濤のように乗り越えていったのである。一つの分野において世界のトップに立つことによって、若者が大きく成長することを学んだのであった。

さて、64Kビットでの日本勢の躍進は米国半導体業界にとって大きな懸念材料となり、マスコミでも大きく取り上げられるようになって行く。八一年一二月に発行されたフォーチュン誌において、ジーン・ビリンスキー記者は「最先端のデバイスである64Kビットメモリで敗退すれば半導体分野のみならず、米国の最大の産業であるコンピュータ産業にとっても脅威となる」といった趣旨の警鐘を鳴らした。同誌では八一年の日米各社の64Kのシェアを次のように報じた。日立四〇%、富士通二〇%など日本企業六九・五%。一方米国企業はモトローラ二〇%、TI七%などで三〇・五%。日立、富士通など日本企業が64Kビットの世代でトップに出たことは「日本圧勝」を印象づけることになり、対日警戒心をさらにあおる結果になったのである。

2　インテルに挑戦したCMOSメモリ

半導体ほど激しく揺れ動く産業分野は他に類を見ないのではないだろうか。たとえば一九七〇年代半ばに起きたオイルショックはかつてない大不況をもたらし、半導体分野に地殻変動を起こした。前述のように、私が担当した製品開発部では電卓用LSIで大成功を収め、国内市場で圧倒的なシェアを確保したが、オイルショック後の市場構造の転換で大打撃を受けた。前にも述べたが、私は七六年に開発部長を解任され副技師長となり、「これが日立における最終のポストかもしれない」と将来への展望を失っていた時がある。しかし、七七年八月に新設のメモリ・マイコン設計グループの担当部長に就任することになって、返り咲いたのだ。内外の状況が変化したおかげで敗者復活のような形で部長職への復帰が叶ったのである。

この当時、メモリ・マイコン分野における世界のリーダーはインテルであった。ここでインテルが創業した一九六八年以来の動きを時系列的に追ってみよう。七〇年には1KビットDRAMの1103を世に出し、半導体メモリの時代を拓いた。七一年には2KビットのEPROM（消去可能なメモリ）と4ビットマイコン、4004を製品化し、いずれも世界初となる画期的な分野を開いた。七二年には同社で初めてのNMOSデバイスとして1KビットSRAMを製品化。七四年にはNMOS版の8ビットマイコン、8080を市場に出し、ベストセラーとなってマイコン時代のリーダーの地位を確立した。

いずれの製品も目を見張るような画期的なものばかりである。インテルはこの当時、DRAM、SRAM、EPROM、マイコンの四分野で圧倒的なポジションを築いていた。わが日立の「メモリ・マイコン設計グループ」からはインテルのうしろ姿がはるか彼方に霞んで見えるだけだった。どこかに突破口はないかと、あらゆる視点からの検討を行った。

　そのような時期の一九七六年、日立の中央研究所（以後、中研）においてＣＭＯＳ《シーモス》の高速化についての画期的な発明がなされた。酒井芳男、増原利明の両氏による「二重ウエルＣＭＯＳ」の発明である（のちにＨｉ－ＣＭＯＳと名付けられた）。これまでのＣＭＯＳは「低消費電力ではあるがスピードが遅い」ということが定説になっていた。この発明では、ウエル構造を二重にすることによって回路定数の最適化が可能となり、これまでの定説をひっくり返した。すなわち、ＣＭＯＳでもＮＭＯＳと同じレベルまでスピードを上げることができるようになったのだ。後年、両氏はこの発明によって全国発明表彰を受けている。

　同時期、工場側においては安井徳政氏を中心としてＮＭＯＳ《エヌモス》ベースの４ＫビットＳＲＡＭの開発が進められていた。メモリ・セルの方式としてポリシリコン高抵抗を使う技術が安井徳政、清水真二、西村光太郎の三氏によって発明され、従来の６ＭＯＳ方式のメモリ・セルに比べてセルの面積を三分の一にすることができたのである。中研と工場の技術者は前記の二つの技術を合体させて、ＣＭＯＳで高速のＳＲＡＭを作ることにチャレンジすることを計画した。

　私はメモリ・マイコンの担当部長として、これらの技術の説明を受けた際に「この技術は素性がよい！」と直感し、重点テーマとして取り上げる決断を下した。

「この新技術をいかにして量産化し、ビジネスにつなげるか」が、私の最大の任務であった。半導体の事業において成功を収めるには、次の４ステップをシームレスに、しっかりと進めることが必要であり、多くの技術者が同じベクトルを目指して取り組まなければならない。

1　他社に勝る特許または基本技術を有すること
2　この技術をベースにして競争力のあるデバイスを開発すること
3　デバイスを高い歩留まりで量産し、リーズナブルなコストで提供すること
4　最適な応用分野を見つけ、顧客を探して大量の販売につなげること

私の役割はこの画期的な発明をベースにした新製品の開発（ステップ1、2）から、それを量産して販売につなげる（ステップ3、4）という一連のプロセスの旗振りであり、いわばオーケストラにおける指揮者の役割である。

早速に研究所と工場から選ばれた最精鋭のメンバーによる製品化プロジェクトを組織した。中研からは発明者の増原氏、酒井氏他が参画し、工場からは安井氏が設計の中心となり、プロセス面では長沢幸一氏、清水真二氏たちが参加、さらに歩留向上の面では清田省吾氏を中心とするチームが加わった。

この当時、4KビットSRAMで最速を誇っていたのはインテルのNMOSデバイス（2147）で、そのスピードはバイポーラ・デバイスにも匹敵するものであった。このデバイスの性能を消費電力の低いCMOSで実現することをプロジェクトの目標としたのである。当時の業界常識では無謀とも言える目標であったが、プロジェクト・メンバーは大いに奮戦し、見事にそれを達成することができた。そして、その成果を七八年のISSCC（国際固体素子回路会議）で増

原氏が発表し、学界では大きな反響があった。

市場導入は同年一〇月であるが、その型名をＨＭ６１４７とした。下二桁はインテルのデバイス（２１４７）に合わせたが、上二桁の「61」はＣＭＯＳであることを示すためにＮＭＯＳ版の「21」と、ことさらに区別したのであった。図３－３はインテルの２１４７と日立の６１４７の性能を比較したものである。

この図からわかるように、ＮＭＯＳと同一スピード（五五／七〇ns）を達成しながら消費電力を桁違いに低くすることができたのだ（動作時は約七分の一、待機時は約一五〇〇〇分の一）。これまでの業界常識では「高速デバイスにはＮＭＯＳが主流であり、ＣＭＯＳはローパワー向けのニッチ・デバイス」とされていた。６１４７はこれまでの業界常識を覆し、ＣＭＯＳがこれからの主流になることを明確に示す世界最初のデバイスになったのである。

		インテル	日立
製　品		4K SRAM	同左
技　術		NMOS	CMOS
スピード		55/70ns	55/70ns
消費電力	動作時	110mA	15mA
	待機時	15mA	0.001mA
チップサイズ		16.2mm²	11.5mm²

図３－３　4Kビット SRAMにおけるインテル対日立の性能比較

世界に前例のない製品が完成した後の販売については、国内外の営業部門が重点的に製品のプロモーションを行った。特に米国においては間接販売方式が採られており、販売代理店（いわゆるRep［レップ］）が顧客と直接コンタクトしていた。私の大事な仕事の一つは代理店の社長に対して「この製品がいかに画期的であり、前例のないものであるか」を理解してもらうことであったが、幸い彼らの理解は極めて早く、この製品が急速に立ち上がる一因となったほどである。開発から販売にいたるまでのすべての過程において、当時の日立半導体の最強部隊がここに集結していたのである。

この画期的な製品に対して一九七九年にＩＲ－１００賞が与えられた。この賞は米国ＩＲ社が、毎年その前年に開発された最先端の技術と製品のうちから一〇〇点を厳選して表彰する賞である（現在はＲ＆Ｄ１００賞）。図３－４はこの時の受賞者代表の写真である。

図３－４　4KSRAMのIR100賞受賞者
（左から安井徳政氏、筆者、増原利明氏）

ここでＣＭＯＳの歴史を振り返ってみよう。ＣＭＯＳは一九六二年にフェアチャイルド社のフランク・ウォンラスによって発明された。同氏は翌年のＩＳＳＣＣにおいてその概念について発表している。しかしながらフェアチャイルド社においては製品化に向けての努力がなされず、実際に製品化に成功したのはジェラルド・ハーゾグが率いるＲＣＡ社のグループであり、同社は六八年にＣＭＯＳの販売を開始した。販売当初の主なユーザーは軍用などのニッチ分野であったが、大規模な市場に成長したのは、電子時計と液晶電卓に応用されてからであり、その市場開拓は日本のセイコーとシャープが先導した。

現在では「半導体の主流デバイスはＣＭＯＳ」ということが当然のことのように受け止められている。しかし、繰り返しになるが、一九七〇年代までのＣＭＯＳは世界市場の中では低速・低消費電力指向のニッチ技術と考えられていた。この常識を破った最初の製品が前記の高速４ＫビットＳＲＡＭのＨＭ６１４７だったのである。

七九年八月、米国の半導体調査会社を通じて、インテルがこのデバイスをどのように見ているかを知ることができた。アナリスト報告会においてインテルが次のようなコメントをしたと報じられた。「当面の最大のライバルは日立だ。日立のこのデバイス（注：ＨＭ６１４７）がもし量産可能であれば、極めて競争力が高いだろう。インテルでは日立の状況をしっかり見てゆく」。

このコメントの中で「もし量産可能であれば」の一句が大事である。半導体の分野においては学会などにおいて画期的な性能のデバイスが発表されても、それが必ずしも量産に至るとは限らず、ペーパースペックで終わることも少なくなかったのである。インテルはこの点に注目していたのだろう。インテルに追いつくことが日立のメモリ・マイコン設計グループ創設時からの願いであったが、局地戦ながらようやく挑戦相手に追いつき、そのデバイスの性能を大きく凌駕することができたのであった。残る課題は、「日立の高速ＣＭＯＳデバイスは量産可能である」ということを実証することであった。

４Ｋビットに続いて16Ｋビットメモリも開発され、その成果は八〇年のＩＳＳＣＣ（国際固体素子回路会議）において安井徳政氏が発表し、大きな注目を浴びた。その後、型名をＨＭ６１１６として市場に導入された。それまでのところ、物事は極めて順調に推移し、新しい技術分野で世界をリードするのだという夢が広がっていたのである。

しかし、好事魔多し、現実はそんなに甘くなかった。以下は16Ｋビット製品の立ち上げ途上で起こった苦いエピソードである。私は内外の顧客を回って自分の足で情報を収集し、新デバイスについて格段の好評をいただいていたので、「これはいける！」ということを肌で感じていた。そこで、実際に注文をいただく前から先行して製品を仕込み、在庫を持つことにした。

しかし、在庫レベルは管理部門によって厳しく管理されており、注文がないのに勝手に在庫を持つことは許されない仕組みになっている。そこで一計を案じて「戦略在庫」という新名称を考案し、通常在庫とは異なるという理屈を考えた。「戦略在庫」といっても管理部門から見れば許容しがたい在庫なのであるが、ＣＭＯＳメモリの販売のためにはどうしてもある程度の在庫を積む必要性を説得して、渋々ながら納得してもらったのである。

その後、生産が順調に進み戦略在庫は予想以上に積みあがった。しかしなぜか、それに見合う注文が入らないのだ。月が経つにつれて過剰在庫となり、不良資産ということになりかねない状況である。「６１１６在庫問題」は事業部全体の問題に発展し、私の責任が追及された。

当時の事業部長は重電部門から半導体の立て直しのために移ってきた方で、「今後ともＮＭＯＳが半導体の主流」という業界常識を踏まえて、われわれが進めるＣＭＯＳ化には懐疑的であった。「もし、性能的にＮＭＯＳと互換性があるのなら、型名も「６１１６」でなく、ＮＭＯＳに合わせて「２１１６」にしたらいいではないか」というのが同氏の持論であった。そして、あるときその持論は命令に変わる。そこでＨＭ６１１６の型名をいったん消した上でＨＭ２１１６に書き換えることがきまったのだ。

しかし、天運というべきか、そのような作業が始まるか始まらないうちに、６１１６に大量の注文が入り始めたのである。これによって型名の書き換えは不要となり、「ＨＭ２１１６」は幻の製品として終わることになった。いったん市場が立ち上がり始めるや、その勢いはいっそう強くなり、八一年に入ると作りきれないほどの注文をいただいた。

同年七月に調査会社のデータクエストから16ＫビットＳＲＡＭのトップ３が次のように発表された（カッコ内は直近の四半期の生産数）。一位日立（四五万個）、二位ＴＩ（三六万個）、三位三菱（二万個）。これによって「高速ＣＭＯＳは量産が可能である」ということが実証されたのであった。

七七年にメモリ・マイコン設計グループが設立されてから四年が経過し、先端デバイスの分野で64ＫビットＤＲＡＭとともに世界トップの地位を獲得できたことはわれわれのグループ全員にとって感慨無量であった。４ＫビットのＨＭ６１４７と16ＫビットのＨＭ６１１６の量産化によって、ＮＭＯＳに対するＣＭＯＳの優位性が明確に示された。その後、世界の半導体技術の主流は日立がリードする形でＮＭＯＳからＣＭＯＳへと移行してゆくことになる。

３　メモリが築いた黄金時代

話は前後するが、八〇年上期（四月〜九月）がスタートする直前に部内管理職宛メッセージとして、私は「八〇年上期を迎えるにあたって」と題するメモをしたため、今後の取り組みについての方針を伝えた。その骨子は64Ｋ ＤＲＡＭ、16Ｋ ＳＲＡＭ、32Ｋ ＥＰＲＯＭを「重点三大新製品」として指定し、この系列で世界トップを目指すことを宣言したのである。この当時一〇種類以上の製品開発案件があったが、これを思い切って三製品に絞り込んで重点化することにしたのだ。シリコンバレーの企業に対してスタートで遅れを取り、技術者の数も限られている状況で取りうる作戦は焦点を絞って突破口を開く以外に道はないと判断したのだ。

部内の主力部隊をこの三製品に結集するとともに、社内の研究部門（中央研究所、デバイス開発センターなど）、製造部門、営業部門（国内、海外）にもその基本戦略を徹底して、支援を求めた。この重点化作戦は期待した以上の成果を上げた。前述のように64K DRAM、16K SRAMの系列は八一年の半ばにはトップ・ランナーとなったことがはっきりしたのである。

32K EPROMの場合の勝因は端的にいえば「二刀流」を採用したことである。この世代ではEPROMの業界標準が決まらず、インテル型とTI型とが併存する形で市場が立ち上がった。八一年七月のデータクエスト社の資料では第1四半期の出荷量がインテル社六〇万個、TI社五六万個、日立五〇万個となっており、三社が拮抗状態にあった。日立ではインテル型、TI型の二系列を製品化することで、より広い顧客から受け入れられ、先行する両社を追い上げて逆転した。

八一年一二月の販売会議の席上で、社内マーケティング部門からメモリの三大新製品がすべて世界トップになったことの報告がなされた。「メモリ三冠達成」は、七七年に設計グループが発足してから四年あまり、八〇年三月に重点化の方針を決めてから二年近くが経過していたが、メモリ分野のメンバーにとっては生涯忘れられない快挙となったのである。しかし、この三大新製品が本当の実となって業績に寄与したのはむしろその翌年からであり、八二年から八四年の三年間にわたって、売上面で大躍進を遂げた。

ここで日立のメモリ事業がどのようなペースで伸びていったかを見てみよう。「マイコン・メモリー設計グループ」がスタートした七七年当時、メモリの売上は年間三〇億円ほどの規模であり、赤字の部門であった。日立半導体の全体の売上が約六〇〇億円なので、その五％を占めるに過ぎない、つまりはマイナーな設計部門の責任者としてスタートしたのであった。

当時の各設計部の人員規模はＭＯＳ ＬＳＩ担当の第一設計部が最大で二〇〇名強、続くバイポーラＩＣ担当の第二設計部も一〇〇名以上であった。それに対して、わがグループは約三〇名の所帯で、あまりに小さいので「設計部」の名前ももらえなかったのだ。翌七八年にようやく年商一〇〇億円の規模に達し、赤字からの脱却が叶ったのを契機に「第三設計部」として認知されたのであった。

八〇年代に入ると、重点指向した三大新製品（64Ｋ ＤＲＡＭ、16Ｋ ＳＲＡＭ、32Ｋ ＥＰＲＯＭ）が戦列に加わり、売上はうなぎ登りに上向いていった。一〇〇億円に達してから五年後の八三年には売上が実に一〇倍にも増大し、年商一〇〇〇億円の規模に達した。日立半導体の三割を占めるまでになったのである。さらに翌八四年にはメモリの需要が急増し、生産部門、販売部門の努力もあって、売上は二〇〇〇億円近くまで上がり、半導体事業部全体の四割を占めるに至った。わずか七～八年の間で、マイナーな設計部門が日立半導体の屋台骨を支えるメジャーな部門に成長したのである。

半導体の事業においてはコストに占める固定費の比率が高いので、売上が伸びれば収益はさらに大きく伸びる。日立社内では半導体部門が最大の高収益部門となり、この時期の日立全体の業績を牽引するほどの重要部門になったのである。その主役はもちろん世界トップを獲得した重点指向の三大新製品メモリであった。まさにメモリが築いた「黄金時代」であり、私にとっては七六年の部長解任の谷底から脱して山頂に達した思いがあった。

4　国際会合での招待講演

メモリを中心に日立半導体のプレゼンスが急上昇するに伴って、私自身も内外で注目を浴びることが多くなり、産業界の会合や国際学会などでスピーチの招待を受ける機会がでてきた。以下、二つの事例を紹介したい。

一九八一年一〇月一四日〜一六日にアリゾナ州フェニックスで開催されたデータクエスト社主催の半導体産業会議で初めて講演の招待をいただいた。半導体の分野では当時最大の国際会合である。スピーカーにはインテル創業者のロバート・ノイス氏をはじめ、モトローラ半導体のトップのゲイリー・ツッカー氏、ＡＭＤ創業者のジェリー・サンダース氏など錚々たる顔ぶれがそろっている。

当時は日米半導体摩擦が始まったころで、いわば四面楚歌の中での講演である。私にとって海外のメジャーな会合でのスピーチは初めてであったが、日本からはただ一人の招待ということもあり、「日本における状況を正しく伝えよう」と勇気を出して引き受けることにした。

「日本における半導体生産の特徴」と題して、半導体の技術、生産、応用など日本におけるユニークな側面について発表を行った。特に、日本製品の高い品質を支えている小集団活動や自動化の動向、低消費電力指向の高速CMOS技術の開発などについて紹介した。さらにはチームワークの基となる夏の盆踊り、秋の運動会、正月の初詣などの風習についても触れた。

その中で特に注目を浴びたのが「一九八〇年における改善提案件数」であった。半導体分野に限らず、事業の効率を上げるためにはチームワークが極めて重要であり、当時の日本では小集団活動が盛んにおこなわれていた。会社全体の提案件数と一人当たり提案件数の上位三社を紹介した。

企業別では、一位日立四二二万件、二位松下二六一万件、三位富士電機一六八万件。一人当たり件数では、一位日立工機一五七件、二位富士電機一五四件、三位塩山《えんざん》富士一三八件。日立工機の場合は一人当たり件数でトップの一五七件であるが、これを成し遂げるには、全体の社員がほぼ二日に一件のペースで提案をしなければならず、驚くべき数字である。当時の小集団活動がいかに活発であったかをうかがい知ることができる。半導体分野においてはこのような活動が、特に高集積メモリなどの歩留まりの向上に大きな貢献をしたのである。

講演の終了後、多くの方から、この提案件数の多さに感嘆の声が聴かれた。また、講演の全体にわたって珍しさもあったのか、多くの方から「大変面白かった」と好評をいただいた。この時に使ったプレゼンテーション資料は日本半導体歴史館・牧本資料室（第6展示室）に収蔵されている。

このときのスピーチが契機となって私の名前が次第に広く知られるようになり、その後もデータクエスト社のみならず、インスタット社（米）、フューチャー・ホライズンズ社（英）、セミコ・リサーチ社（米）などのメジャーな会合での招待を受けることが多くなり、それは私にとってグローバルなネットワークを広げるよい機会となったのである。

次の事例は一九八二年のＩＥＤＭ（国際電子デバイス会議）における基調講演である。ＩＥＤＭは半導体のデバイス系の学会としては最大で、招待をいただけるのは半導体に携わる者として大変名誉なことである。基調講演は米国、欧州、アジアからそれぞれ一名が招待される慣例であったので、私のスピーチはアジア代表としてのスピーチであった。

学会は一二月一三日〜一五日にサンフランシスコで行われ、ここで生産技術担当の長友宏人氏との連名で「半導体生産における自動化」と題するスピーチを行った。この時期は64ＫビットＤＲＡＭや16ＫビットＳＲＡＭなど3ミクロン製品の立ち上げの時期であり、世界のトップを走っていた日立の技術に多くの関心が集まっていた。講演のホールはほぼ満席の状態であった。

半導体産業のマクロ動向について述べた後、前工程、後工程の事例をベースに、自動化の効果について述べた。すなわち、生産性の向上、歩留まりの改善、品質の向上・ばらつきの低減などである。また、微細化に伴う歩留まり解析手法については長年の持論を展開した。

そして最後のところでは将来、集積度が一〇〇〇倍になったとき（すなわち、64メガビットＤＲＡＭの時代）の自動化工場の形態について大胆なイメージを紹介した（図3－5）。

図に示すように、設計から製造までが完全自動化されている。さらに販売を担当するセールス・ロボットも登場する。「セールス・ロボットができたての64メガビットＤＲＡＭを箱に入れて、納期遅れを出さぬように、大汗をかきながら顧客に向かっている」というユーモラスな表現で結んだ。会場は大きな笑いに包まれ喝采をいただいたのであった。この時に使ったプレゼンテーション資料は日本半導体歴史館・牧本資料室（第6展示室）に収蔵されている。

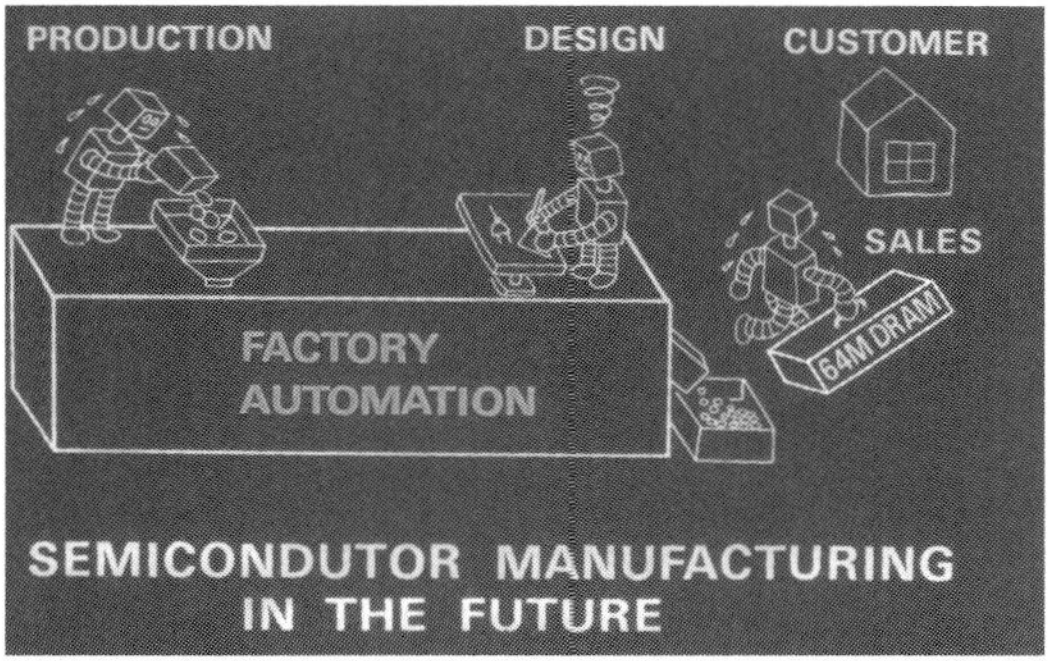

図3－5　将来の半導体工場のイメージ

学会の終了後しばらくしてから、プログラム委員長のマイケル・アドラー氏から礼状をいただいたが、その中には次のように過分なコメントが記されていた。

「……特に貴殿のスピーチについては、これまでのＩＥＤＭで最も優れたものであるということを多くの人から聞かされました。内容が素晴らしかっただけでなく、時にユーモアを交えての発表が好評でした。アメリカ流のユーモアについての理解の深さに多くの人が驚いていました。……」

これは単に私のスピーチへの賛辞というよりも当時世界のトップレベルにあった日立の半導体技術に対する評価をいた

だいたものだと受けとめている。

5　幻の社長候補

日立の先端メモリは技術的に世界トップの位置を確保しただけでなく、会社の業績面での貢献も大きくなった。メモリ事業推進の中心になっていた私に対する評価もそれに連動して高くなったものと思われる。まさに順風満帆の状態であったのだ。

このような時期に、『週刊サンケイ』で「一〇年後の社長を推理する」と題する大見出しの記事が出た（『週刊サンケイ』一九八四年一二月二〇日号）。図3－6に示すように「シリーズ　日本を動かす男たち」「「10年後の社長」を推理する」というタイトルに続いて「日立製作所：従業員八万三千人のトップに牧本氏有力」という見出しが書かれていた。

まさに晴天の霹靂《へきれき》ともいうべき驚きであった。記事の中には私の経歴や業績とともに人物像などがくわしく書かれていた。

社内の多くの人がこの記事を読んだと思われ、いろいろな方からコメントが寄せられた。おおむね好意的な励ましのコメントであったが、ある先輩からは次のようなコメントをいただいた。「自分もこれまで、もしかしたら牧本君の社長の芽があるのではないかと思っていた。しかし、また『出る杭』になってしまったね。日立はなんと言っても重電の会社だ。重電分野から見れば半導体の人は異邦人のようなものだ。この記事のことは忘れて自重したほうがよいと思う」。

この先輩からは一五年前、私が日立の史上最年少の部長に昇格したときも類似のコメントをいただいていたが、予想通りその数年後に「出る杭」が打たれたのであった。

この記事はもちろん「幻の社長候補」として終わったのであるが、この週刊誌の名誉のために付言すれば、この記事の内容は「当たらずといえども遠からず」だったのである。なぜかといえば、続く二番目の社長候補としては、実際に日立の社長・会長を歴任した庄山悦彦《しょうやまえつひこ》氏の名前が挙がっていたのだ。

今にして思えば、この記事も「メモリに潜む魔物」の仕業だったのであろうか。

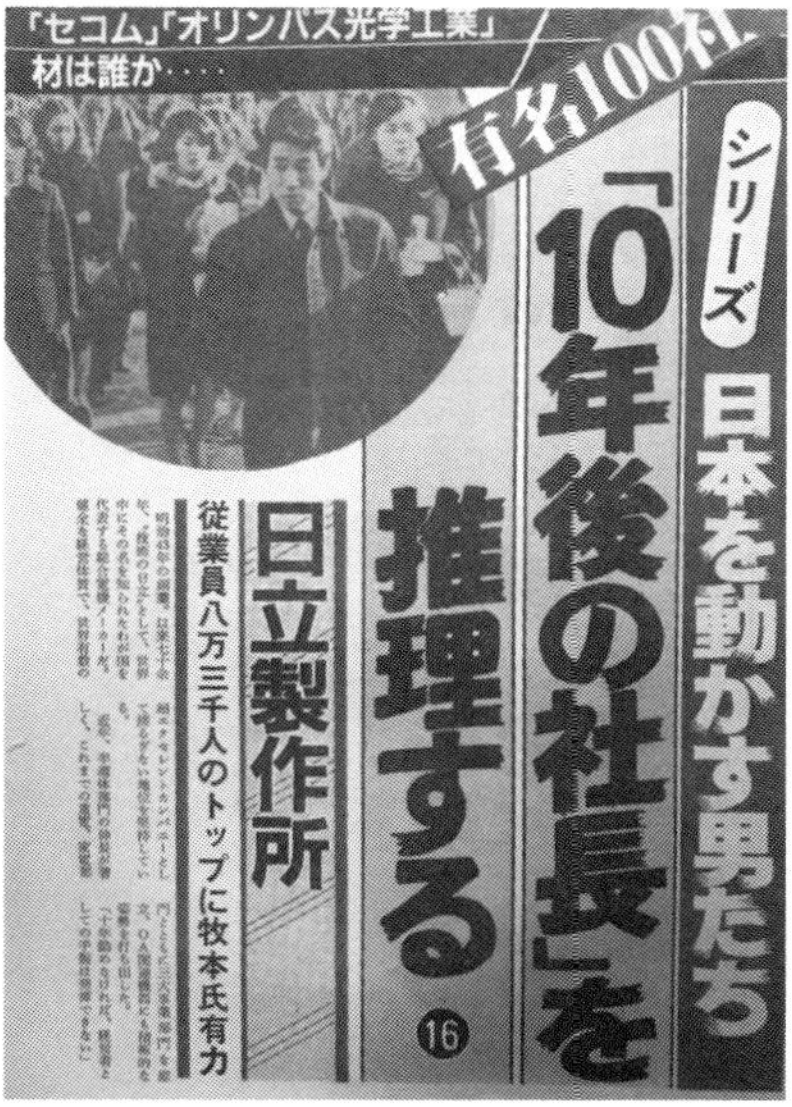

図3－6 『週刊サンケイ』の記事（1984年12月20月号）

6 日米半導体戦争火を噴く

一九八四年、世界の半導体市場の対前年伸び率は実に四八％増にも及んだ。この年はロサンゼルス・オリンピックの年に当たっており、巷では「オリンピックの年には半導体市況がピークになる」ということが、まことしやかに言われていた。

私の担当していたメモリ分野も業績が躍進し社内外での評価が高まり、前述のように週刊誌の記事で社長候補に挙げられるまでになっていた。しかし、半導体の分野でこのような好景気はそう長く続くものではない。その反動もあり、翌八五年には地獄のような半導体不況が始まる。世界的に需給バランスが大きく崩れて供給過剰の状態に陥ったのだ。

メモリを中心に価格は大暴落となり、世界市場全体としてはマイナス一六％の落ち込みとなった。このような状況を背景に、米国のＳＩＡ（半導体工業会）が日本の半導体メーカーを相手取ってダンピング容疑で提訴した。これをきっかけにして日米半導体戦争が火を噴いたのである。

日米半導体戦争の予兆は一九七〇年代後半に、日本からＤＲＡＭの対米輸出が立ち上がり始めた頃にさかのぼる。高まる対日警戒心がきっかけとなり、七七年に米国で結成されたのがＳＩＡ（半導体工業会）である。そのメンバーにはロバート・ノイス氏（インテル）、チャーリー・スポーク氏（ナショナル・セミコンダクタ）、ウィルフ・コリガン氏（フェアチャイルド）、ジョン・ウェルティ氏（モトローラ）、ジェリー・サンダース氏（ＡＭＤ）など、名だたる経営者が名を連ねており、その影響力は絶大であった。

ＳＩＡは活発なロビー活動を行い、対日貿易における関税障壁の撤廃などを主張した。また、日本で七六年から始まった「超ＬＳＩプロジェクト」を官民癒着の象徴として取り上げ、**Japan Inc.**（日本株式会社）とのレッテルを貼って、不公平な仕組みだと非難した。

このような活動は米国内のマスコミでも取り上げられることになり、七八年にはフォーチュン誌が「シリコンバレーにおける日本人スパイ」と題する記事を載せ、対日警戒心をあおった。表題の頁には双眼鏡をつけた大凧が上空からシリコンバレーを覗いているようなグロテスクな図柄が描かれていた。

この時点（七〇年代後半）においてはＤＲＡＭの分野においても米国のほうがまだ先行していたのであるが、八〇年代に入ると逆転の時がやってくる。そのような逆転劇の過程を象徴したのが一九八〇年三月の「アンダーソンの爆弾発言」である。アンダーソン氏はヒューレット・パッカード社データ・システムズ事業部門のゼネラル・マネジャーのポストにあった。ワシントンで開かれた日米半導体セミナーの席上で、米国メーカーにとって極めてショッキングなデータを公表したのである。

それは次のような要旨であった。「16Ｋ　ＤＲＡＭの品不足で日本製品を採用したところ、その品質は米国製品に比べて格段に優れていた」という内容である。同氏は「米国、日本の各三社について品質を比較したところ、日本の最下位のメーカーの品質でも米国の最上位のメーカーの品質より優っている」と証言したのであった。これは後に「アンダーソンの爆弾発言」と呼ばれるようになる。当時の両国のＤＲＡＭの実力を客観的に述べたものであったが、米国の半導体業界にとっては極めてショッキングなメッセージとなって伝わったのである。

八一年になると64Ｋ　ＤＲＡＭが立ち上がり始め、この世代以降は日本の圧勝となる。そして前述のフォーチュン誌はこの問題を八一年三月と、一二月の二回にわたって取り上げた。最初の記事（三月）は「日本半導体の挑戦」と題するものであり、トップの頁には表題と並んで、図3

図3－7　フォーチュン誌に掲載されたイラスト（フォーチュン誌1981年3月号）

ー7に示すようなイラストが描かれていた。シリコン・ウエハーに擬した土俵上で関取（日本人）とレスラー（アメリカ人）とがにらみ合っている。

また、一二月の記事のタイトルは「不吉な日本半導体の勝利」となっており、図3－8に示すように64K DRAMで日本が七割のシェアをとって圧勝したことを伝えた。そして先端メモリで日本に負けることになれば、それは半導体での敗北のみならず、米国の基幹産業であるコンピュータ分野も危なくなるとして警鐘を鳴らしたのである。

八三年になると『ビジネス・ウイーク』誌が一一ページに及ぶ特集を組んで日本半導体の脅威について詳細を報じた。その表題は「チップ戦争・日本の脅威」である。両国の半導体競争を描写するにあたってついに「戦争」という表現が用いられていたのである。

さて、前述のように八五年に入るとDRAMの価格は日を追って落ち込み、日米を問わず、半導体経営者にとって重大な事態を迎える。そのような背景において、同年六月、米国SIAが通商法三〇一条（不公正貿易慣行への対抗措置）に基づいてUSTR（米国通商代表部）に日本製半導体製品をダンピング違反で提訴した。また時を同じくして、マイクロン社は米国商務省に日本の64KビットDRAMをダンピングで提訴したのだ。半導体戦争はついに両国の政府間の問題に発展したのである。

同年八月に日米政府間で半導体問題の協議が始まり、その後一年間に渡って厳しい交渉が続いた。米国側からの主たる要求は次の二点である。一つには日本国内における外国製半導体のシェアを上げることであり、もう一つはダンピング防止のための諸措置を講ずることであった。これらの要求を織り込んだ上での「日米半導体協定」が締結されたのは八六年九月である。その後一〇年の長きに渡ってこの枠組みが続けられ、日本メーカーにとっては大きな制約の中での事業経営という異常事態が続いたのである。

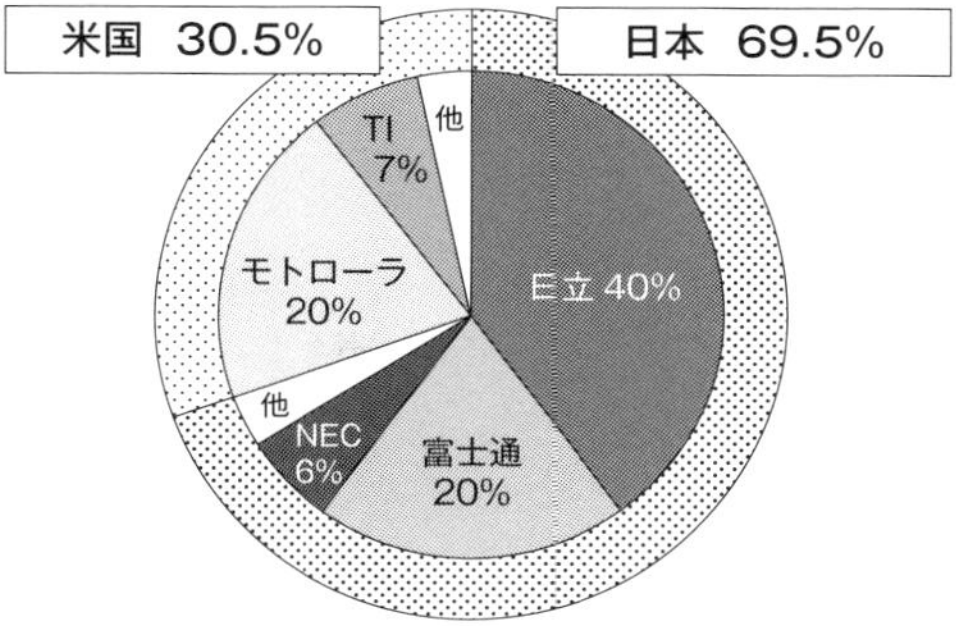

図3−8　フォーチュン誌（1981年12月号）が報じた日本の圧勝（64KビットDRAM）

協定の中に織り込まれた重要条項は次の二点に要約される。

(1)日本市場へのアクセス改善：日本市場において外国製半導体購入の拡大を図ること。この効果を上げる手段として日本政府は外国製半導体の国内におけるシェアを定期的にモニターすること。当時外国製品のシェアは一〇%未満であったがこれを二〇%以上にすることが目標とされた。後になって、この「二〇%」という数値が物議をかもすことになる。すなわち、これが単なる努力目標なのか、政府間の約束なのかという解釈の違いである。そのようなことについての真実が明らかになることはなかったが、「二〇％」という数値そのものは一〇年間にわたって一人歩きをした。そして通商交渉における「数値目標」の前例ともなったのである。

(2)ダンピング防止：日本製品のダンピングを防止するための措置として、DRAMとEPROMについては日本各社のコストデータを四半期ごとに日本政府に提出させる。そのデータを基に米国政府がFMV（公正販売価格）を決定して各メーカーに指示する。この規定によって、日本企業は自分で販売価格を決めることができなくなったのである。

一〇年に及んだ日米半導体協定が日本の半導体産業に与えたインパクトの詳細については項を改めて述べることにするが、当時の日本半導体業界に対する強烈な一撃であったことは確かであり、競争力低下のトリガーになったことは否めない。

さて、八五年の大不況は世界中の半導体各社にサバイバルのための事業再構築を迫ることになる。その象徴的な事例がDRAMのパイオニアであったインテルがDRAMから撤退したことである。DRAMの市況はそれほどに厳しくなっていたのだ。

ゴードン・ムーア（元インテル会長）は著書『インテルとともに』（玉置直司取材・構成）において当時を回想して次のように述べている。「八五年の初めのことだ。グローブ社長といよいよD

ＲＡＭ工場を着工するかどうか、最終的な話し合いをすることになった。グローブ社長は私に、『もし、あなたがインテルを経営するために外部からスカウトされてきた経営者だったとしたら、ＤＲＡＭへの投資をするだろうか』と尋ねてきた。『いいや、そうはしないだろう』。私はこう答えた。『私もそうだ』。グローブ氏もこう言って同意したので、インテルのＤＲＡＭからの撤退が決まった。この決断は本当につらかった（以下略）」。

日立の半導体部門においても八五年の大不況は強烈なインパクトを伴った。当時の武蔵工場においては内橋正夫工場長のもとで私は設計担当の副工場長であった。工場長の陣頭指揮でさまざまな不況対策が講じられたものの、あまりにも急激な市況の悪化に対策が追いつかない。前の年には社内で最大の収益を上げた工場がついに赤字転落となり、社内で最悪の業績となったのである。

明けて八六年二月、恒例の人事変更が発表された。内橋工場長が半導体事業部長に昇格となり、私が後任の武蔵工場長に就くことになった。この年も半導体の不況は続き、さらに日米半導体協定締結による制約が加わった。メモリのコストは政府の監視下にあり、売価については自らこれを設定することはできず、米政府から通達されるＦＭＶを遵守しなければならない。最悪なタイミングの中での工場長昇格であった。

工場長に就任後、コスト低減のためあらゆる出費を見直して削減を図るとともに、即戦力となる新製品開発の加速などあらゆる手段を講じたものの赤字から抜け出すことができないまま一年間が過ぎた。工場長として赤字の責任を取らなければならないと覚悟していた。

翌八七年二月、工場長更迭の人事が発表され、私の新しいポストは高崎工場長であった。同じ「工場長」ではあるが、工場の規模は武蔵工場より小さく、担当製品もバイポーラＩＣなど成熟製品が中心であり、国内市場向けが大半を占めていた。卑近な表現ではあるが、当時の半導体分野の出世コースは高崎工場長から武蔵工場長へというのが定番のようになっていたので、私の場合はコースがまったく反対方向に向かっていたのである。周りの目には明らかな左遷であると映っていたであろう。自分としては「このあたりが日立における最終ポストかもしれない」との思いがあった。

第４章
マイコン時代の到来

1　マイコンの誕生

半導体技術発展の歴史において、一九七一年のインテルによるマイコンの開発は、四七年のトランジスタの発明および五八年／五九年のＩＣの発明と比肩できるほどの大きな出来事であり、その後の半導体の発展に大きなインパクトを与えた。マイコンの開発過程でユニークなことは、それがベル研究所やＩＢＭのような巨大な研究組織を持つところでなされたのではなく、当時設立されたばかりのベンチャー企業、インテルでなされたことである。しかも、マイコンの誕生には電卓が深くかかわっており、端的に言えば「マイコンは電卓から生まれた」とも言える。

同社が設立されて間もない一九六九年に日本の電卓メーカー、日本計算機販売（通称ビジコン）から電卓用ＬＳＩの注文を受けたのがきっかけである。ビジコンでは異なる仕様の電卓を品揃えするために、一三種類ものカスタムＬＳＩの開発を要求した。会社設立後間もないインテル

図4－1　世界初のマイコン4004
（インテル、1971年）

では技術者の頭数も不足しており、これだけの種類のＬＳＩ開発を同時並行に進めることは難しかった。

　そこで、このプロジェクトを担当したテッド・ホフは違う角度からこの仕事に取り組んだ。全部のチップをカスタム品として別々に開発するのではなく、記憶をつかさどるメモリと演算をつかさどるプロセッサをうまく組み合わせ、メモリのプログラム内容を変える（すなわち、読み出し専用メモリのＲＯＭを書き換える）ことで異なる仕様の機種に対応すれば、少数のチップの開発でまかなうことができることを着想した。すなわち、ストアード・プログラム方式のコンピュータの発想である。ビジコンから派遣された嶋正利とともにこのアイデアに基づいて製品化したのが図４－１に示す世界初のマイコン４００４であった。

　このＬＳＩの開発費（一〇万ドル）はビジコンが負担したので４００４の独占販売権を持っていたが、その後電卓市場は激しい乱戦模様となる。ビジコンの経営は極めて苦しいものとなり、その販売権をすべてインテルに売り渡すことになったのだ。その対価としてインテルはイニシャルの六万ドルとチップ売上げの五％をビジコンに支払う契約とした。

　４００４の販売権を得たインテルは、この製品を電卓以外でも、いろいろな応用分野に拡販した。すなわち、標準品としてのプロセッサ（ＭＰＵ）とメモリを使い、ＲＯＭを書き換えるだけでシステム構築を行うという画期的な方法を提案したのである。当時の主流であった「カスタム品設計方式」から「標準品設計方式」への大転換である。図４－２は雑誌*Electronics*誌の一九七一年一一月号に掲載された広告であるが、まさに新しい時代の到来を告げるメッセージであった。

マイコンの導入は半導体産業のみならず、エレクトロニクス全体に革命的な変化をもたらした。「カスタム品ベースの設計手法」から「標準品ベースの設計手法」への転換であり、そのインパクトは大きな広がりを見せていった。

時計の針は一九九七年にとぶ。「マイコン」という偉大な製品の開発者に対して京都賞が贈られることになった。京都賞は京セラ創業者の稲盛和夫氏が一九八四年に創設した国際賞（賞金五〇〇〇万円）であり、科学・技術・文化の各面において顕著な貢献をした人々に贈られる賞である。

図４－２　インテルの世界初マイコンの広告（*Electronics* 1971年11月号）

マイコン開発の受賞者に選ばれたのはフェデリコ・ファジン、エドワード（テッド）・ホフ、スタンレー・メイザー、嶋正利の四氏であり、いずれも４００４の開発と量産に携わった人たちであった。この受賞者の顔ぶれからも、「マイコンは電卓から生まれた」ということが裏書されていると言えよう。

ここで一九七〇年前後の状況を振り返ると世界中の半導体

メーカーが電卓用ＬＳＩの開発を巡って熾烈な競争を繰り広げていた時期であり、それはまさに「マイコンの胎動期」であったと言える。多くの電卓メーカーが半導体メーカーに対してカスタムＬＳＩの開発を依頼した。したがって、マイコン開発のチャンスはすべてのＬＳＩメーカーにあったと言える。しかし結局のところその栄を勝ち取ったのはインテルであった。何が他のメーカーと違ったのであろうか。

先にも述べたが、通常の取引では電卓用ＬＳＩの論理図は電卓メーカーが作り、半導体メーカーはそれをベースにして、レイアウト設計以降を担当した。これに対してインテルではテッド・ホフを中心にして論理図の段階にさかのぼって問題に対処したことが大きな違いであった。テッド・ホフはコンピュータ・サイエンスのバックグラウンドがあったのでシステム設計にまでさかのぼることは自然なことであったと思われる。論理図は電卓用ＬＳＩのプロダクト・デフィニション（チップの詳細機能の定義）であり、この図があればチップの機能は一義的に定まる。ＬＳＩメーカーがこれを電卓メーカーに依存している限り、マイコンのようなシステム・コンセプトに飛ぶことはあり得なかっただろう。

日立においても通常は電卓用ＬＳＩの論理図は顧客で作成していた。論理図作成を自社で行うようになったのは、ワンチップ８桁電卓の時代になってからであった。

インテルでは七一年の４００４の製品化に続いて、七二年には８ビットの８００８、さらに七四年にはＮＭＯＳをベースとした８ビットの８０８０を発売した。８０８０の時代になるとモトローラの８ビットマイコン６８００との間に激しい競争が起こり、世界の半導体メーカーはどちらの陣営につくかの決断を迫られることになった。

インテルは現在半導体業界のトップにあるが、そのポジションを確立するに至った特筆すべき要因として次の二つが挙げられる。まず、一九七九年に開発された８ビット・マイコンの８０８８が二年後の八一年に、ＩＢＭ ＰＣに採用されたことである。これが今日Wintelと呼ばれるＰＣ標準の始まりであり、巨大マーケットを生み出した。

もう一つの大きな要因は、同社が八五年のメモリ大不況に際してＤＲＡＭ事業から撤退したことである。この決定のあと、同社ではすべてのリソースをマイコン事業に集中して、今日の地位を築いたと言えるだろう。

２　インテルか、モトローラか

日立では七〇年代初期に電卓用ＬＳＩの開発・量産化で他社に先行したので、六〇％強のシェアを獲得し、急速に業績を伸ばした。七三年の半導体売上はフェアチャイルドを抜いてＴＩ、モトローラに次ぐ世界第三位の地位を確保した。しかし、その年の秋に勃発した第四次中東戦争が発端となり翌年から市場は急激な陰りをみせ、七五年には工場集約を伴う大リストラが行われた。これまで独立工場となっていた甲府工場と小諸工場は武蔵工場の「分工場」となって格下げが行われた。いわゆる「オイルショック」は日立の半導体事業に対しても多大なダメージを与えたのだ。

一方、米国においてはインテルを先頭にして、半導体の主流がマイコンやメモリなどの標準品（汎用品）に移行し始めており、カスタムLSIを強みにしていた日立にとっては一気に逆風を受ける形になったのである。当時私はIC開発部長の職にあり、毎月のように押し寄せるカスタムLSIの新規開発案件を処理しながら、マイコン開発の課題に取り組まなければならなかった。

日立で最初に製品化されたのはインテルの4ビットマイコン（4004）との互換品である。インテルから三年遅れの七四年六月に完成したが、事業的なインパクトは大きなものでなく、いわば「マイコン事始め」の勉強材料であった。このプロジェクトに参画したのは中央研究所（中研）の喜田祐三《きたゆうぞう》、武蔵工場の長瀬晃、中島伊尉《なかじまじょう》、木原利昌などの各氏である。彼らはその後のマイコン技術の担い手となり、日立マイコンのパイオニアとなった。

その後、4ビット・マイコンについては電卓LSIの開発グループが中心になり、独自開発が進められ、七七年三月にはHMCS45と称するオリジナル・マイコンを製品化した。小型システム向けの市場を押さえて、かなりの事業成果を挙げることができた。

一方、8ビット・マイコンについてはシステム・アーキテクチャの設計が最重要であり、デバイス・プロセス技術者を主体とする半導体事業部のリソースのみで取り組むことは難しいと判断していた。中研のシステム部門の助けを借りることにして、七二年下期から「依頼研究」の形でオリジナル品の検討が進められた。

これから先、8ビット・マイコンの開発をどのように進めるべきか？　独自開発に賭けるか、あるいは先進メーカーと連携してセカンド・ソース路線を選ぶか？　その場合の相手はインテルか？　モトローラか？　……当分の間は結論に至らず、煩悶の月日が流れる。

このような状況の中、一九七三年に半導体事業部長が伴野正美氏から今村好信氏へ交代となった。今村氏は日立の半導体部門にとってマイコン事業の立ち上げが急務であるとの認識を強く持っていた。

今村氏からの時折のご下問に対して私はありのままを説明して、ご支援を求めることにした。上司の柴田昭太郎さんとも相談の上、８ビット品については独自開発の検討は続けるとしても、早期の製品化のためにはインテルやモトローラなどの先行メーカーと何らかの提携策の検討が必要である旨の具申をした。今村氏は自ら提携策についての道を探りたいとの意向を持ち、七四年五月に米国の同業者を訪問することがきまった。そして、五月一二日から二五日まで二週間にわたる長旅の全行程に私が同行することになった。

そのときの訪問先はＷＥ（ウエスタン・エレクトリック）、ＲＣＡ、ＩＢＭ、ＴＩ（ダラスとヒューストン）、モトローラ、フェアチャイルドなど。今村氏のおおらかな人柄のゆえもあり、各社とも来訪を大いに歓迎して談論風発、トップ同士の強い人脈ができあがった。中でも格別の歓待をいただいたのがモトローラだったのである。

モトローラではまず半導体トップ同士の名刺交換と挨拶に続いてＭＯＳ、バイポーラ、単体の各部門のトップが自ら市場動向や技術動向について詳細なプレゼンを行ってくれた。ＭＯＳ事業については部門トップのジョン・イーカス氏から、開発中の６８００マイコンの説明があり、インテル製品（８０８０）をはるかに凌ぐマイコンを目指しているとのことである。

そして、日立との協力関係に話題が及び、今後相互に訪問して協力関係を深めようとの提案があった。今村氏はこの話に大変積極的なスタンスで応じ、マイコンでの協力関係に前向きに取り組みたいと答えた。この訪問が契機となって、両社間の友好関係は一気に深まり、技術提携へと話が進んでゆく。図４－３はモトローラ訪問時の写真を示す。

図４－３　モトローラ社を訪問（1974年５月）
（左から阿部亨氏、今村好信氏、筆者）

前述のように、社内でも独自の8ビット品についての検討が進んでいたが、インテルの８０８０、モトローラの６８００との比較検討では、性能的に勝ち目はなかった。その理由の一つはインテル、モトローラともにNMOSベースの製品を開発していたが、日立の製品はPMOSがベースになっていた。PMOSの技術によって電卓で圧勝したことがかえって裏目に出たといえるかもしれない。このような状況を背景として、技術ベースの比較のみならず、マーケティングの視点での戦略シナリオ比較など、多くの議論が尽くされた。その結果「8ビット・マイコンについては、オリジナル製品での勝ち目は難しい。インテルまたはモトローラとの提携が必要」という方向にほぼ固まっていった。

七四年の一〇月、上記のような状況を背景に、上司の事業部次長・柴田昭太郎さんとともに再度米国メーカーを訪問し、マイコン開発の戦略を練ることになった。一〇月二日から一四日にわたる出張で、訪問先はマイコンのメーカーに絞り、インテル、モトローラ、フェアチャイルドを中心として他にも数社を回った。

インテルはこの年の六月にすでに８０８０を製品化しており、モトローラは６８００の製品発表を間近にしていた。一方、フェアチャイルドではＦ８と称するマイコンを開発中であったが、モトローラよりも一年近くの遅れであり、この段階では「ペーパー・マシーン」であったため、深入りは避けることにした。

図４－４　インテル社を訪問（1974年10月）
（前列左ノイス社長、その後柴田沼太郎氏、右端筆者）

まず、インテルの訪問は一〇月九日。技術供与に対するインテル社の方針を確認するのが目的であったが、先方からは社長のロバート・ノイス氏が自ら応対してくれた（図４－４）。

社長のノイス氏は物柔らかな表情のなかに、マイコンのビジネスについて確固たる信念をもっていた。会談を通じての同氏の発言は次のように要約される。

(1)インテルは製品を売るのが商売であり、ノウハウ／特許供与で稼ぐ気持ちはない。

(2)マイコンのビジネスはソフトが重要であり、単にハードの単品を作っても意味がない。
(3)カスタムＬＳＩと比べて、納期問題は起こりにくいので、顧客側からはセカンド・ソースの要求はない。
(4)セカンド・ソースを持つことによって、インテルの商売がよくなるとは考えにくい。
(5)しかし、日立側から（たとえば、製品購入などを含めた）何らかのプロポーザルがあれば検討してみる。

以上のように、彼の説明の中ではセカンド・ソースの可能性について、イエス・ノーの明言はなかったのであるが、全体を繋ぎ合わせてみると、婉曲な表現ながら、「ノー」と判断せざるを得ない。上長の柴田さんとも相談してインテルの線はこの会談をもって断念することにしたのであった。

続いてモトローラの訪問は二日後の一〇月一一日。ここでは渉外担当トップのシュレンゼル氏が窓口になって、はじめから歓迎ムードが高まっていた。早々に先方から出されたアジェンダでは、６８００のセカンド・ソースの件と日立の自動ワイヤボンディング・マシーンの導入について話を進めたいとの提案である。先般の今村事業部長の訪問時に日立にはＣＡＢＳ（Computer Aided Bonding System、コンピュータ支援の組立機）と称する自動ワイヤボンダーがあり、生産性と品質向上に大いに役立っていることが紹介されていたのである。このボンダーは設備開発部の鈴木純部長を中心にして開発されたもので、世界で最高性能の自動ボンダーであった。

午後にはマイコン部門のマーケティング担当のコメッツ氏から６８００について詳細説明があり、すでに二〇〇社以上の顧客にサンプルが出されて好評を得ているとのことである。現時点ではインテルの８０８０がシェアを独占しているが、６８００は「５ボルト単一電源」の特長があって使いやすく、二年後の七六年時点では五〇％の市場シェアを取れると確信しているとのこと。また、セカンド・ソースを持つことによって顧客に安心感を与え、インテル陣営に対抗したいとの理由から日立がセカンド・ソースになることを歓迎すると、予想以上のラブコールであった。インテルがセカンド・ソースに対してネガティブであったのに対して、モトローラは極めてポジティブであり、両社のスタンスは対照的であった。帰国後、早速今村氏にもこのことを報告して賛意を得て、日立サイドでは「モトローラとの連携を進める」という形でベクトルが揃ったのである。

明けて七五年一月二〇日には、モトローラ側の責任者のシュレンゼル氏と関係者が日立を訪問。日立側では佐藤興吾《さとうこうご》（武蔵工場長）、柴田昭太郎（事業部次長）、鈴木純（設備開発部長）の各氏とＩＣ開発部長の私が対応した。主たるテーマは６８００マイコンと自動ワイヤボンダ（ＣＡＢＳ）の技術交換についての具体的な交渉である。トップレベルの会談はスムーズに進み、双方の宿題が整理され、なるべく早く次のステップに進もうとの約束がなされた。

その後、何回かの個別コンタクトを経て、次の大きなイベントは七五年五月のモトローラチームの来訪である。渉外部門のみならず、マイコン部隊、特許グループなど総勢を上げての来訪であった。当然のことながら日立側でも事業部、工場のみならず、本社の海外部、特許部などオールキャストで対応した。一九日から始まった交渉会議は四日間にわたったのだ。

実はこれに先立って、前年の一一月に６８００マイコンの正式な製品発表がなされており、市場における評判は大変に高く、モトローラ勢は大いに意気が上がっていた。「現時点ではインテルが市場をリードしているが、アーキテクチャ、デバイス技術ともに６８００が圧倒的に優位である。日立と連合を組むことによって急速にシェアを上げることができると確信する。ぜひ、一緒にやりましょう」といったトーンでの呼びかけであった。

四日間の会議を総括するためのトップ会談には、日立側から今村事業部長を筆頭に佐藤、柴田、三木和信（本社・海外部）の各氏と私の五名が出席。モトローラ側はＭＯＳ事業部門トップのジョン・イーカス氏をはじめ関係スタッフが参加した。この会議で協力体制の大枠が固まり、これをベースとして契約締結に進むことで大枠の合意となった。

「６８００を中心にしてモトローラ・日立の連合を組み、インテル陣営に対抗しよう」という機運が両社ともに一気に高まったのであった。そして、なるべく早く事務処理を進め、八月末までに契約を結んでキックオフをしようというのが、そのときにきまったタイム・テーブルであった。

ところが、ここで思わぬ事態が発生したのである。トップ会談が行われた翌月（七五年六月）に日立の半導体事業部長が交代になったのだ。モトローラとの提携の道を拓いた今村氏が事業本部長となり、その後任は重電部門出身者となった。同氏はマイコンのユーザー事業部にいたので、マイコンについてはそれなりの見識があり、重要性を認識していた。そして、これまでに進めてきたモトローラとの提携路線に対しては極めて慎重であり、むしろ懐疑的であった。「日立社内の先進ユーザー（神奈川工場や大《おお》みか工場など）はすべてインテル系で固まっている。これを無視してモトローラと組むのか？」との疑問が出され、振り出しに戻りかねない状況となったのである。

しかし、この時すでに「賽は投げられた」状態であり、路線変更ができないところまできていた。インテルを含む各社とのコンタクト状況から考えて、モトローラ以外の選択肢はないこと、また、現在はインテルが圧倒的にリードしているが、優れたアーキテクチャのモトローラ系マイコンで頑張ればキャッチアップも可能であることを説明して、何とか了承を得たのである。

日立における半導体トップの交代の後、両社の話し合いのテンポはスローダウンし、当初予定の八月末までの契約はできなかった。しかし九月に入って、ようやく新体制でのトップ会談が持たれ、懸案事項はクリアされていった。このような紆余曲折を経て、日立の常務会、取締役会でモトローラとの技術提携が承認されたのは七五年一一月。先方でもほぼ同じ時期にボード会議での決裁が行われた。今村氏の最初のモトローラ訪問から、一年半を経ての決着であったが、これで日立のマイコン事業についての確固たる路線が敷かれたのである。

七六年に入ると早々に契約に基づいた動きが両社で始まり、モトローラ・日立連合軍が正式に動き出した。当時の日立のマイコン設計部隊は「少数精鋭」とも呼ぶべきメンバーであった。文字通り「少数」であったが、字義通り「精鋭」でもあった。マイコンについて高い見識を持つ初《はつ》鹿野《かの》凱一《よしかず》主任技師を中心にして、技師クラスとしては御法川和夫《みのりかわかずお》、中島伊尉、木原利昌の各氏など気鋭の若手が脇を固めていた。

この年の八月にはモトローラからの導入第一号として６８００マイコンの日立版がＨＤ４６８００と命名されて市場導入された。六ミクロン加工のＮＭＯＳ技術をベースにした製品であるが、モトローラ製のチップを使って、日立で組立以降を行うノックダウン方式でのスタートであった。このような経緯をたどって日立の半導体事業は比較的早期にマイコン市場への参入を果たすことができたのである。

３　世界に先駆けたＣＭＯＳマイコン

マイコン事業におけるモトローラとの提携関係は、七六年のスタートの当初、双方ともに「連合軍」のような意識が強く、「両社で力を合わせてインテル陣営に対抗し、６８００系を世界の主流に育てよう」ということが暗黙の了解事項であった。日立に対しても陣営の強化のために応分の貢献をすることが期待されていたのである。

日立ではそのような期待を受けて、６８００系の強化を図るべく、二つの大きな技術開発に取り組んだ。一つは高速ＣＭＯＳ技術をマイコンに適用することであり、もう一つがＺＴＡＴ《ジータット》（**Zero TAT** の略、ＴＡＴがゼロであることを意味する）技術の採用であった（ＺＴＡＴについての詳細は第5章第1節を参照）。

一九七八年に、日立では高速ＣＭＯＳ技術（ＨｉＣＭＯＳ）を世界に先駆けて開発し、４Ｋおよび16KビットのSRAMに適用して大成功を収めた。一九八一年末の時点では16KSRAM（HM6116）で世界のトップシェアを確保したのである。HiCMOS技術の次の応用製品として選んだのが8ビット・マイコンである。モトローラ・アーキテクチャの6801（NMOS版）をCMOS化して製品化したのがHD6301Vであり、八一年一〇月に製品発表がなされた。これはCMOS版マイコンとして画期的であり、その後の世界の技術トレンドを先導するような製品となったのである（図4－5）。

図4－5　世界初のCMOSマイコン6301Vのチップ写真（1981年）

この開発プロジェクトは「特研」（日立における研究制度で「特別研究」の略）として研究所、工場が一体となり、驚異的なスピードで進められた。その成果は***IEEE Micro***誌の一九八三年一二月号に掲載されたが、その著者として名を連ねたのは前島英雄（日立研究所）、桂晃洋《かつらこうよう》（同上）、中村英夫（中央研究所）、木原利昌（武蔵工場）の各氏である。彼らは世界におけるCMOSマイコンの先駆者となったのである。

ここでCMOSマイコンの最初のユーザーについての逸話を紹介しよう。信州精器（後のセイコーエプソン）の中村紘一取締役（後のタイトー社長）との協力関係である。同氏は6301Vの誕生を一日千秋の思いで待っていた。私の母校のラ・サール高校（鹿児島）の後輩でもあったことから、気楽に話し合える間柄であったのだが、八一年三月に「折り入っての相談がある」とのことで来訪した。６３０１Ｖをメインのプロセッサにした「オールＣＭＯＳ構成のパソコン」を企画しているので、サンプルができたら一日も早く入手したいということである。６３０１Ｖはまだペーパー・スペックの段階（紙に書いた仕様書があるだけで実物はない状態）で、影も形もないときであったが、私は同氏の並々ならぬ意気込みを感じてその話を引き受けた。そして、その後の６３０１Ｖの進捗状況について注意深く見守っていたのである。

八月初旬にファースト・カット（最初の試作品）が行われ、その結果について報告があった。完全無欠とはいかずとも、レーザー・カットで三カ所切断すれば正常に動作するとのことである。このような画期的な新製品のファースト・カットとしては「すばらしい！」の一言に尽きる。中村取締役には最初のレーザー・カット品を提供した。元々の約束日程は二回の修正が入ることを想定していたため、同氏にとっては大きな驚きとなった。

日立社内では早急に対策品を作り、一〇月には特性の認定試験が完了し、同月中に正式な製品発表を行った。翌八二年の一月末に中村取締役が来訪し、６３０１Ｖを使った新製品について詳細な説明があった。それは世界初のハンドヘルド・コンピュータの構想である。６３０１Ｖを二個使い、ＲＡＭが８ＫＢ、ＲＯＭが32ＫＢのオールＣＭＯＳ構成の画期的なシステムである。これらのＣＭＯＳデバイスはすべて日立から供給を受けるので、しっかりサポートを頼むとのこと。そして、同年7月にはエプソン社から「ＨＣ－20」と名付けられた製品発表が行われた（図４－

６）。
この製品はモバイル・コンピュータの先駆けとして前例のないものであった。重さはわずか一・六kgであり、約五〇時間コードレスでの使用が可能であったので抜群の携帯性を誇っていた。市場ではパーソナルコンピュータだけでなく、工場ラインの管理用などにも活用され、生涯販売台数二五万台のベストセラーとなった（エプソン社のホームページより）。

翌八三年一月、本件の協力のお礼を兼ねて中村取締役が来訪されたが、前年一二月の日立からの半導体購入額は過去最大の四億円に達したとのことであった。これは６３０１Ｖが中心となってのキット商売の成果である。

図４－６　世界初のオールCMOSコンピュータ　HC－20（1982年７月発表）
（エプソン社HPより）

私はＣＭＯＳ技術の威力を示すための事例として、このすばらしい製品の内容をプレゼンテーション資料として活用することにした。図４－７は多くの資料の中の一枚であるが、「オールＣＭＯＳシステム」のＨＣ－20と世界最初の電子計算機ＥＮＩＡＣ（真空管使用）との性能、諸元を比較したものである。すべての項目においてＨＣ－20の優位性は桁違いである。顧客への説明や、講演会などの折にこのスライドを使って「これからはＣＭＯＳの時代だ」ということを強調したのである。

この時期には「モバイル・コンピューティング」あるいは「ノマディック・コンピューティング」というはっきりした

		ENIAC 大形計算機/1946年	HC-20 パソコン/1982年
機能	加算時間	200μs	1μs
	ROM	2Kバイト	32Kバイト
	RAM	128バイト	8Kバイト
重量		30t	1.6kg
消費電力		140kw	1.9w

HC-20 vs ENIAC

図4－7　HC－20対ENIACの比較（1983年頃）

コンセプトには至ってなかったが、HC－20はCMOS技術の進化によって、遊牧民的な新しいライフスタイルが生まれることを予感させるものであった。

4　NMOSか、CMOSか

さて、6301Vはモトローラとの契約に基づいて、すぐに先方に情報が開示され、技術移転がなされた。前記の事例のように、市場からの反応は極めて良好であり、モトローラにおいてもこの製品は高く評価されるだろうと思っていたのだが、その予想とは裏腹に、先方からの反応はネガティブなものであった。

そのような状況を踏まえて、八二年四月にモトローラを訪問することにした。先方の半導体部門の幹部と腹を割って話し合うのが目的である。先方からは半導体トップのゲイリー・ツッカー氏をはじめマーケティングのトップ、マイコン事業のトップ、さらには渉外担当など、キーメンバーが勢ぞろいしていた。

表面上は和やかな雰囲気での会合ではあったが、内容的には極めて厳しい話が多かったのである。順不同だが、先方の言い分は次のようにまとめることができる。

(1)顧客開発の努力不足――日立は顧客開発のためのリソース（ＦＡＥ：**Field Application Engineer** など）を出さず、モトローラが開発した顧客にＣＭＯＳ版を売り込んで、両社が市場で競合している。

(2)モトローラ事業への貢献不足――日立からＣＭＯＳプロセスやＳＲＡＭを導入したが、モトローラではうまく立ち上がらず、業績に寄与していない。

(3)開発遅れ――ＤＭＡＣ（ダイレクト・メモリ・アクセス・コントロール）の開発を日立が分担したにもかかわらず、大幅に遅れ、いまだに収束していない。

これらのアイテムの中で、(1)については前記のエプソン社の事例などを紹介し、日立サイドでも新規顧客の開拓に努める旨を回答し、了解してもらった。

(2)については技術的なサポートはしっかりやるが、これをビジネスにつなげるのはモトローラが主体でやるべきであり、本気で取り組めば必ず成果が出るはずだと先方の努力を促した。

(3)については、まず遅れていることに対して陳謝した。日立でも真剣に努力しているがシステム設計の知見が乏しく、プロダクト・デフィニション（チップの詳細機能の定義）がしっかりできなかった。つまり、レイアウト設計に移る前段階の「論理図」が収束しなかったのである。この件については後日、研究所を含め社内他部門の知見を入れて何とか収束にこぎつけたのであった。

しかし、この会談においてＣＭＯＳマイコン（６３０１Ｖ）について先方が積極的に製品化に取り組むという姿勢は見えず、こちらで期待していたセカンド・ソースの意思表示もなかった。

一九八二年のこの時期は業界全体において「主流デバイスはNMOSであり、CMOSはローパワーではあるがスピードと価格面で劣る」というのが業界のコンセンサスになっており、モトローラにおいてもCMOSはニッチ技術と位置づけられていたようである。一方、日立では八一年に16K SRAMの量産化に成功して以来、「これからの主流はCMOSになる」という確固たる信念を持っていた。このようなコンセプト・ギャップが両社の溝が深まる一因となったのである。

当時はインテルをはじめ、8ビット・マイコンはすべてNMOSがベースであり、先方からすればCMOS化にはリスクがある。敢えてそのようなリスクに賭ける意図はなかったのであろう。日立との提携関係全体に大きなフラストレーションを抱えていることを改めて知ることとなり、きめ細かな対話が必要であると考えたのであった。

また、別の見方をすれば、CMOSマイコン（6301）はモトローラにとってNIH（Not Invented Here、ここで発明されたものではなく、他所で発明されたもの）である。すでにNMOS版でよいビジネスをしているのに、優れた面があるからといって、他社で開発されたCMOS版に必死に取り組もうという気持ちにはなれなかったのだろう。このNIHシンドロームが消えない限り、6301のセカンド・ソースは難しいのかもしれないと感じた。

翌八三年の一月末には、新しく契約関係のヘッドになったビル・ハワード氏が部下とともに来訪し、終日かけて懸案事項を洗い出してこれからの関係修復の進め方について意見を交わした。

8ビットの6301Vについてはプロセス互換性を確認の上で製品化の決定を行うとのことで、この点については前回よりかなりの前進であった。しかし、最終決着にはなお数カ月を要した。

一方で新たな問題が浮上した。16ビット・マイコン（68000）のCMOS版（日立では63000あるいは63Kと呼称）の製品化の問題である。

日立では将来を先取りする重要製品の位置づけで開発を進めていたが、モトローラが63Kの製品化を認めるか否かを巡ってはこの後もなかなか決着せず、二年半にわたって交渉が繰り返されることになる。これは「63K認知問題」と呼ばれていた。昼の部は難しい議論の応酬もあったが、夜の部は目白の静かな料亭に一席を設け、酒を酌み交わしながらの会話が弾んだ。今後とも相互理解の機会を深めるために、半年に一回程度は幹部間のミーティングを持つことにしようと話し合ったのである。

ここで、ビル・ハワード氏について一言。同氏は名門、UC／バークレーのEE（電気工学）の博士号を持ち、半導体技術についての造詣が深く、CMOS化の方向については良く理解していた。また、温和な人柄で、律儀な面があり、尊敬すべき交渉相手であった。

あるとき双方で合意したことを持ち帰って先方の幹部に報告したところ、「No！」と言われたことがある。そしてビル・ハワード氏はその一事について説明するためだけの目的でわざわざやってきた。信義を重んずるサムライを思わせるようなその真摯な態度には大いに心を動かされるものがあった。その後しばらくして、同氏は半導体部門から本社に転勤となったため、半導体交渉に顔を出すことはなくなった。図4－8はビル・ハワード氏とともに食事をしたときのもの

図4－8　信義の人 ビル・ハワード氏（1983年1月）

である。

八三年一月のビル・ハワード氏との会談を踏まえて、この年の秋にはマイコン・マーケティング担当の初鹿野氏と本社・海外部の塚田實氏とともに、モトローラのMOS拠点があるオースチンを訪問。マイコン事業を統括するマレー・ゴールドマン氏らとのミーティングを持った。実務に携わっている面々が多数出てきて、生々しい話が多かったが、先方からはCMOSの歩留まり問題が大きくアピールされた。すでに、モトローラにおいてCMOSマイコンの6301Vと16KビットSRAMの6116の試作が始まっていたのであるが、歩留まりがなかなか上がらないのだという。

よほど困っていたのか、「歩留まりを、いつまでに何％にするということを保証してほしい」という要求まで飛び出してきた。モトローラは半導体メーカーとしてはトップクラスの会社であり、「まさか、それはないだろう！」という気持ちであったが、よくよく実情を聞いた上で、さらにしっかりしたサポートを行うことにした。モトローラのCMOSが立ち上がらないとなれば、両社で進めている技術協力は大きな齟齬をきたすことになるからだ。

会議は二日間にわたったが、大きな前進があった。懸案であったCMOSマイコンについての合意がなされ、モトローラが6301Vを製品化し、セカンド・ソースになることが決まったのだ。一年半の長い交渉の後で、ようやく一件落着となったのである。しかし、先方での立ち上げにはなお時間を要し、正式に製品が発表されたのは翌八四年の一二月であった。

マレー・ゴールドマン氏はコンピュータ・サイエンスの学位を持ち、その道の第一人者である。マイコン・アーキテクチャについては高い見識を有しており、大いに啓発されるところがあった。また、静かな語り口で人当たりが良く、尊敬すべき紳士であった。二日目の会議が終わった夕刻「オースチンで自分が最も気に入っているレストランに招待したい」、とのことである。どんなレストランかなと好奇心を持ちながら出かけると、町外れの静かな場所にある瀟洒なフレンチ・レストランだ。何とそこには同氏のお嬢さんが勤めているのであった。なるほど！ ここなら気が休まるに違いない。

そのお嬢さんが早速、とびきりのスマイルとともに挨拶に見えて「今宵はスペシャルなお料理を用意しました。おいしいワインもたくさん揃っています。どうか皆さん、ごゆっくりおくつろぎください」。親子揃っての歓待をいただいたのであった。

このレストランでは、公私にわたるさまざまな話題が飛び出したが、お互いに協力して問題を解決し、両社にとってメリットとなるような Win-Win の成果を上げようと、極めて良好な雰囲気で終わったのである。同氏の細やかな気遣いは、今でも良き思い出となっている。この会談以降、両社の間に難しい局面が出るたびに、同氏とはフェイス・ツー・フェイスの話し合いを含めて親密な関係を深めていった。図４－９は同氏との会食のときのものである。

一九八四年に入ると、モトローラ半導体のトップが日立との提携関係について、ますますフラストレーションを募らせているとの話が伝えられた。二月末には契約窓口のオーエン・ウィリアムス、バズ・ビーマスの両氏が来日し、二日間にわたり打開策についての話し合いが持たれた。先方ではマイコンがＣＭＯＳ化することに対して、極端に警戒しているように見受けられた。特に「16ビットＣＭＯＳマイコンの63Ｋは“Unwelcome Guest”（招かれざる客）である」として、その市場導入に反対したのである。もし、日立がモトローラとの提携関係を維持し、マイコンのＣＭＯＳ化を推進したいと望むのであれば、当時最先端の一・三ミクロン技術ベースの「大物」（１Ｍビット DRAMクラス）の技術移転をしてほしいとの要望も出された。

図４−９　よき相談相手　マレー・ゴールドマン氏（1983年秋）

その後、両社の交渉担当者間で技術交換のバランス・シートについていろいろな検討がなされ、一応の合意に達した。しかし、それを持ち帰った結果、先方のトップからは「Ｎｏ！」と言われたとの連絡が届いた。詰まる所、「63Ｋの認知問題」は合意に至らなかったのだ。この年はいろいろな動きがあったものの、はかばかしい進捗はなく、みすみす時間のみが過ぎていった。根底にあるのはＣＭＯＳの将来性についてのモトローラ幹部の疑念であった。

年末近くなり、先方のＣＭＯＳ歩留まりも上がってきたのか、ようやくにして「６３０１Ｖのセカンド・ソースをする」との正式発表がモトローラからなされた。日立が一九八一年に発表してから三年が経過していた（この遅れは半導体分野では致命的ともいえる）。ここに至って初めてCMOSマイコンにセカンド・ソースができ、マーケティング活動に拍車がかかることになったのである。しかし、年末の時点においても16ビットマイコン（63K）の認知問題は暗礁に乗り上げたままであり、この問題の打開が次の年の課題であった。

明けて一九八五年も半ばになったところで、六月四日にマレー・ゴールドマン氏との会談がアンカレッジで持たれることになった。双方ともに会社から離れて、じっくりと話し合いましょうとの趣旨でアンカレッジが選ばれたのである。しかもアンカレッジは気温も低いので、頭を冷やして考えればよい話し合いができるかもしれないとの期待もこめられていた。

先方からはゴールドマン氏のほか、オーエン・ウィリアムス（交渉窓口）、トム・ガンター（16ビット・マイコン担当）の両氏も同席。当方からは私のほかマイコン・マーケティング担当の初鹿野凱一氏、16ビット・マイコンの喜田祐三氏、8ビットマイコン担当の安田元氏、本社・海外部の塚田實氏が出席した。ここでの打合せはお互いに気心も知れており、終始友好的な雰囲気で進められ、大きな進展があった。日立が長く望んでいた、CMOS16ビット・マイコン（63K）の製品化が認知され、モトローラがセカンド・ソースをするということが合意されたのである。長い道のりを経てようやく「63K認知問題」の解決に至ったのであった。

この時期になって、ようやくモトローラの内部において「これからの半導体の主流はNMOSからCMOSへ変わる」という認識が固まったのだろうと思われる。アンカレッジ会談の結論は双方のトップに報告され、異議なく了承される。八月末までに契約の事務手続きが完了した。
16ビット・マイコン（63Ｋ）の製品発表が行われたのはその直後の八五年九月一三日である。製品名は先方の意向を入れて68ＨＣ０００とした。二年越しの長い交渉の結果であったが、晴れてＣＭＯＳ16ビット・マイコンが表舞台に登場したのである。

この製品は世界初の16ビットＣＭＯＳマイコンであったので、そのインパクトは大きく、デバイス技術における「ＮＭＯＳからＣＭＯＳへの転換」の流れを決定的なものとしたのである。

ひと山越えたものの……ここに至るまで、モトローラとの交渉が難航したのはなぜだったのか？　最も大きなポイントは、先にも触れたが、「ＮＭＯＳか、ＣＭＯＳか」についての両社のコンセプト・ギャップが大きかったことである。日立では七八年のＩＳＳＣＣで４ＫビットＳＲＡＭのＣＭＯＳ版に続いてその二年後には16ＫビットＳＲＡＭのＣＭＯＳ版について発表したことから、学会ベースでは大きな注目を浴びていた。さらに「ＳＲＡＭのＣＭＯＳ版は量産可能である」ということを実証するために、ＣＭＯＳ版の４Ｋビット、16ＫビットＳＲＡＭがともに量産ラインに移された。

私は八一年に16ＫビットＳＲＡＭの生産が軌道に乗ったことを見届け「将来の主流はＮＭＯＳからＣＭＯＳに代わる」ということを確信し、八一年秋のDataquest会議でもその見解を披露した。この会議にはインテルのロバート・ノイス氏をはじめ半導体各社の錚々たるトップが出席しており、経営者レベルでも「ＮＭＯＳか、ＣＭＯＳか」の議論を巻き起こす契機となったのである。しかし業界全体として「これからはＣＭＯＳが主流」という結論に向けて収束したのは八五年頃であった。八五年は前述のようにＣＭＯＳ16ビットマイコン（68ＨＣ０００）の製品化がモトローラとの間で合意された年である。

紆余曲折はあったものの、ＣＭＯＳマイコンの路線問題についての対立はようやく解決し、大きな案件は片付いた。私の胸中には「やっと、ひと山越えた」という安堵感があった反面、それとは裏腹に、以前から抱いていた危機意識がますます広がっていった。それは「マイコン・アーキテクチャを他社に依存した形では独自の製品展開も叶わず、将来にわたって半導体事業を発展させることの足かせになるのではないか」、という疑念であった。

どんなに厳しい道であっても「完全にコントロールできる独自のアーキテクチャ」を持たねばならない。このような気持ちは私のみでなく、日立のマイコン技術者の多くが共有するところとなる。そして、これが「マイコン独立戦争」に向けてのエネルギーとなって蓄積されていったのである。

第5章
日立対モトローラの一戦

1　ICBMから生まれたZTAT《ジータット》マイコン

通常のマイコンにはプログラムを書き換えるためのROM（Read Only Memory、読み出し専用メモリ）が内蔵されている。同一のマイコンを冷蔵庫にもエアコンにも使うことができるが、その機能に合わせてROMの中身は書き換えなければならない。この当時、ROMの中身を書き換えるには半導体メーカー側がマスクの変更を行ってからそのマスクを使ってチップを作ることになる。書き換えに着手してから完成するまでの時間（工完）をTAT（Turn Around Time）と呼び、量産の場合は一カ月程度を要する。マイコンのユーザーにとってROMの書き換えをいかに早くできるかは極めて重要である。

ZTAT《ジータット》は"Zero Turn Around Time"の略称であり、TATがゼロであることを意味するネーミングとして私が名付けたものである。当時はTATを短縮するためのキーワードとしてQTA

T（キュータット）が標語のように使われていた。Qは"Quick"の意味であり、QTATの究極の概念としてZTATを位置づけたのであった。

横道にそれるが、私がQTATという言葉を初めて聞いたのは八〇年の七月。IBM社のEast Fishkil工場を案内してもらったときである。この工場は半導体の研究開発と量産の拠点であり、主として社内向けの製品が作られていた。その中に、半導体のTATを極力短縮するための試作ラインが構築されており、「QTATライン」と呼ぼれていた。今日の枚葉式処理のコンセプトに近い生産方式である（枚葉式はウエハーを一枚ごとに処理する方式であり、複数枚をまとめて処理するバッチ式に比べてTATが短い）。各工程間の待ち時間をできるだけ短縮して「物理工完」に近づけるというのがそのプロジェクトの目標だとのことであった（物理工完とは待ち時間がゼロの理想的なTAT）。このときの強い印象が背景にあり、日ごろから社内でもこの言葉を使ってTAT短縮の徹底を図っていたのである。

日立が開発したZTATマイコンはROMの部分に、EPROM（消去可能なプログラマブルメモリ）のセルを使い、コストを下げるためにプラスチック・パッケージに封入したものである。以前からEPROMを搭載したマイコンは存在したが、ROMの書き換えの度に紫外線で消去を行うために、チップはガラス窓付きのセラミックパッケージに封入されていた。ユーザーは紫外線で消去することによって何回でもROMを書き換えることができたが、その難点はガラス窓付きのセラミックパッケージがずいぶん高価であるため、試作品にしか使うことができなかったのだ。

ＥＰＲＯＭの技術をコストの安い量産品にも適用できないか。その問いに答えたのがＺＴＡＴマイコンである。そのポイントは、コストを下げるためにパッケージ材をセラミックからプラスチックに切り替えたことにある。ガラス窓がないから、プログラムの書き込みは一度しかできない、いわゆるＯＴＰ（One time programmable）ＲＯＭである。

		マスク ROM	EPRPM	OTPROM（ZTAT）
書き換え		半導体メーカー	ユーザー	ユーザー
TAT		約１カ月	ほぼ０	ほぼ０
パッケージ		プラスチック	窓付きセラミック	プラスチック
コスト	開発費	あり	なし	なし
	単価	安い	高い	マスクROMより若干増

図５－１　マイコン ROM 方式の比較

なお、マスクＲＯＭの場合は書き換えのたびに開発費がかかるが、ＥＰＲＯＭとＺＴＡＴでは開発費がかからない。以上に述べたマイコン搭載ＲＯＭの各種方式をまとめて図５－１に示す。

ＺＴＡＴの利点はユーザーが緊急にＲＯＭの修正を必要としたときに自分で書き込みを行うことができ、パッケージがプラスチックのためコストはかなり抑えられる点にある。

ＺＴＡＴマイコンは既存の技術を組み合わせたものであり、個別の技術にブレイクスルーや新鮮さはないが、時間軸（ＴＡＴ）を極限まで短縮することを狙いとした、いわば「コロンブスの卵」のような革新的コンセプトであった。

このＺＴＡＴマイコンの製品化のきっかけになったのは、私が一九八一年に武蔵工場の副工場長に就任してから間もなく飛来したＩＣＢＭ（大陸間弾道弾）である。もちろん本物のＩＣＢＭではない。半導体のユーザーで何か大きな問題が起こったときに、通常の営業経由の情報ルートを通さずに、幹部から幹部へと直接の電話が飛ぶことをいう。

最初のＩＣＢＭは社内のＶＴＲ工場の幹部から飛んできた。電話の内容は「ＶＴＲの制御用マイコンのプログラムにバグが見つかり、ＲＯＭの書き換えが必要で、緊急事態だ」とのことである。たった一個のマイコンによって、はるかに高価なＶＴＲが出荷できないとなれば大変なことになる。私は早速関連部門の責任者を集めて「最短のＱＴＡＴでやるにはどうするか？」について打ち合わせる。これ以上は無理、というところまで詰めた上で、ＩＣＢＭへの返事をするのだが、もちろん完全な満足は得られない。しかし、先方でもこれがベストということはわかるので、最後には渋々ながら了解してもらうことになる。

ところが、しばらくして今度は別のところからまたＩＣＢＭの飛来である。その都度、緊急会議を開き、最短のＱＴＡＴをはじき出して先方へ回答する……。このようなことが何度となく繰り返されたのだ。

このようなことが繰り返されると、ＱＴＡＴはいくら頑張ってもＱＴＡＴでしかなく、自ずと限界がある、との思いが募る。〝フィールド・プログラム〟の形（すなわちユーザーが自分で書き込む形）にすれば、抜本的な解決につながることから、ＯＴＰＲＯＭ（一度だけプログラム可能なＲＯＭ）の方式に着目した。ユーザーがＯＴＰＲＯＭ搭載のマイコンを在庫として持っていれば、半導体メーカーに頼ることなく自分でＲＯＭの内容を書き換えることができるので、書き換えのＴＡＴはほぼゼロにできる。

ＺＴＡＴマイコンの開発に着手したのは一九八三年の半ばであった。マイコン設計部が開発の中心となって、プロセス技術開発部、試作・製造部、検査部などの精鋭が参画した。最重要プロジェクトとして突貫工事の形で進め、あらゆる工程を最優先で進めた。そして、ファーストカット（最初の試作品）の目標は年末である。

一方、マーケティング部隊に対しては、「ZTATマイコン」を日立のブランドとして確立すべく、先行して商標登録することを要請した。製品ができ上がる前の八四年四月には登録申請を行い、八六年一〇月には登録がなされた。

しかし、ZTATマイコンの難易度は予想以上に高く、ファースト・カットではうまく動作できなかった。その後、不良原因の解析を進め、完全動作作品が出てくるまでさらに半年を要したのである。八四年六月に最終対策版のロットが出てきて、プローブテストの歩留は四二％。この時初めてこれはいける！　という感触が得られたのであった。

鋭意ワーキング・サンプル（WS）の積み上げを進め、八月末には一〇〇〇個のサンプルが積みあがった。このサンプルは顧客に試用してもらうのが目的である。WSに続いてのステップは信頼度試験を含むエンジニアリング・サンプル（ES）認定である。この年の一〇月末に完了予定であったが、予期せざる問題が発生して難航した。特に大きな問題は「書き込み歩留」が低く、「データ保持特性」が不十分というものである。すなわち、書き込んだはずのデータが時間とともに失われてゆく現象である。

OTPROMの性格上、完成品の段階で書いたり消したりすることはできないので、あらゆるスクリーニングをプローブテストの段階で済ませなければならない。このため膨大な数の試料に

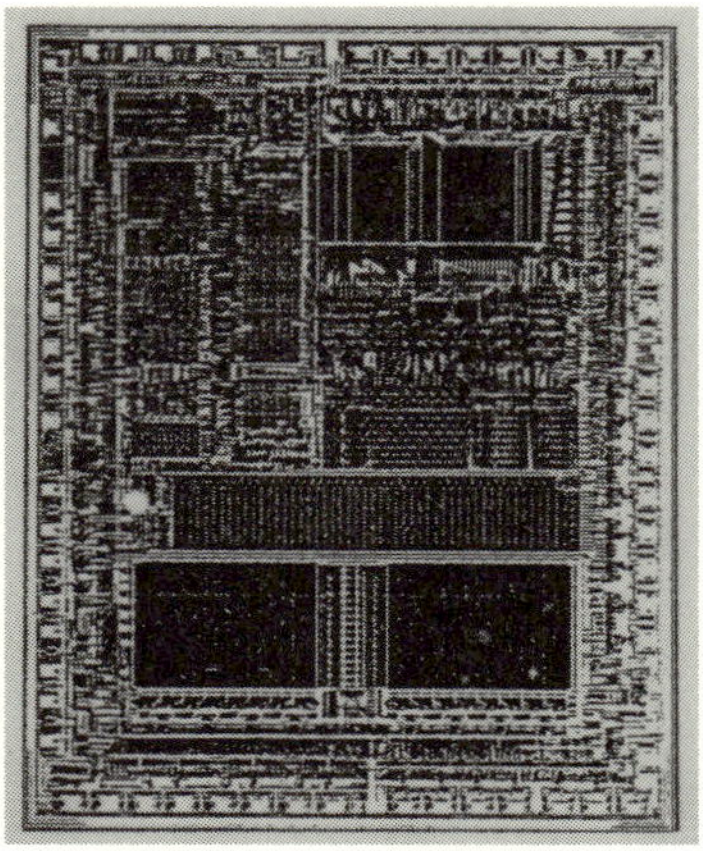

図5－2　世界初のZTATマイコンHD63701X（4KB EPROM内蔵　チップサイズ 5.9x7.5mm^2）

ついて、各種の組み合わせテストが行われ、貴重なノウハウが集積された。このような経緯を経て八四年一二月末には晴れてＥＳ認定が完了し、これからいよいよ拡販と増産に向けての活動が加速されて行く。図５－２は世界初のＺＴＡＴマイコンとなった６３７０１Ｘのチップ写真である。当時では最先端の２㎛ＣＭＯＳ技術が使われていた。

　ＺＴＡＴマイコンの最初の大手ユーザーは社内の小田原工場である。同工場では磁気ディスクなどのメモリ製品を手がけていたが、仕向け先別の仕様の小修正にＺＴＡＴマイコンが最適だったのである。βサイト・カスタマー（正式発表前に試用してもらう顧客）としての役割を買って出ていただいたので、最優先でサンプルを提供した。

　明けて八五年一月末には、ＺＴＡＴ拡販の第一弾として、技術部隊を中心としたキャラバン隊が米国へ出発し、現地の部隊と合体して最大市場におけるマーケティング活動が始まった。新しいコンセプトの製品なので、現地の営業部隊や顧客に対してしっかりした技術情報や生産動向を伝えることが目的である。

　この年の三月になると、並行して開発が進められていた６３７０５Ｖと６３７０１Ｖもワーキングサンプルが完成し、それぞれ一〇〇個以上のサンプルが積みあがった。ZTATマイコンのトリオが勢ぞろいしたところで新聞発表を行ったのは八五年五月一六日である。ZTATの基本コンセプトと技術内容の説明に加え、三製品の特長などを述べた。この新聞発表を契機としてZTATの名は国内外に徐々に広がり、営業部隊の関心も強くなっていった。

新聞発表と並行して、市場導入促進の活動をさらに強化するために、技術部隊と営業部隊からなる「WINプロジェクト」を発足させることにした。WINは言うまでもなくDesign Winのことである。四月に六名の専任部隊を選び、ZTATについて想定したあらゆる質問に即答できるような特訓を行った。専任部隊が北米に出発したのは、新聞発表の直後の五月下旬であり、それから四カ月間の長期出張であった。これに続いて国内版のWINプロジェクトや海外向けの第二次プロジェクトもスタートした。国内外の営業活動が活発化するにつれ、注文の数も急激に増えていった。

このような画期的な新製品の立ち上げの過程で、最も難しいのは、需要予測と生産量のマッチングである。両方ともに不確定要因があるため、ときに思わぬ齟齬をきたすことがある。八六年の六月から七月にかけての納期問題はまさにそのような状況で発生した。需要は予想をはるかに上回ったのに対し、生産面は歩留の低迷で計画を下回ったので顧客への納期を守ることができなかったのである。顧客からは「ZTATと呼びながら、モノが入って来ないのでは「TATがゼロ」とは言えないではないか！」と厳しいお叱りを受けた。

プロセス・デバイス関連の技術者が総動員で不良解析を進めた結果、ついに不良の主犯を捕らえることができた。歩留のばらつきの原因は「フローティング・ゲート部のエッチング形状の制御」にあることを突き止めたのである。八月生産に対してはすべてその対策を施したため、歩留は順調に改善し、ZTATマイコン全体の生産は二四万個（売上げでは約五億円）に達した。このように急速な売上げ増はマイコン新製品の立ち上がりとしては、過去に例を見ないスピードであり、大型新製品としての期待が広がった。相撲にたとえれば、将来の横綱候補の新弟子が部屋に入門したような感じであった。

この立ち上がりの勢いが示すように、ZTATはまさに破壊的（Destructive）と呼ぶにふさわしい新製品である。技術的には既存技術を組み合わせ、信頼性や歩留改善についての多くのノウハウを積み上げて完成したものであるが、それゆえに当時としては世界のマイコン・メーカーの中で日立の独走態勢となったのだ。

図5－3は日立のZTAT製品と当時最強であったインテルの対抗製品（8751）との比較を示す。日立品はCMOS、インテル品はNMOSであるが、当時の最高性能品として8751を比較品として選んだ。書き換えの回数は日立のZTATは一回のみであるが、インテル品は何回でも可能である。スピードはほぼ同等であるが、日立品の消費電力は動作時で一五分の一、待機時で一〇〇〇分の一以下であり、これはCMOSの威力である。パッケージは日立品が安価なプラスチック（ZTAT）であるのに対し、インテル品は高価なCERDIP（セラミック）である。この比較表から、両者の利害得失を読み取ることができる。

ここで、ZTATの将来性を表現するために、私が顧客向けプレゼンや講演会における結びとして使ったフレーズを紹介したい。"Someday, all micros will be made this way, ZTAT."（将来、すべてのマイコンはZTATになるだろう）。

当時の常識ではマイコンにはマスクROMベースとEPROMベースの二つがあり、前者は量産向け、後者はデバッグや試作向けとされていた。したがって「すべてのマイコンがZTATになる」とする上記のフレーズはこれまでの常識を覆す発想として、大きなインパクトとなって伝わった。

項目		63701X（日立）	8751（インテル）
プロセス技術		CMOS OTPROM	NMOS EPROM
スピード（μs）		1.0	1.0
消費電力	動作時(mA)	10	150
	待機時(mA)	0.015	20
メモリ容量	ROM（K BYTE）	4	4
	RAM（BYTE）	192	128
I／O　ポートの数		53	53
パッケージ		DIP64 プラスチック	DIP40 セラミック

図5－3　日立のZTATマイコン（63701X）とインテル製品（8751）の比較

実はこのフレーズは私のオリジナルではない。以前に米国内を飛行機で移動中に、フライト・マガジンを読んでいたときのことである。偶然開いたページに、ある時計メーカーの水晶時計（Quartz）のコマーシャルがあり、次のような一文を見つけたのである。"Someday, all watches will be made this way, Quartz."というこのフレーズをマイコン版として修正し、大いに活用させてもらったのであった。時計についてもマイコンについても、当時としては意表をつくような表現であったが、その後の展開を見る限り、歴史はおおむねそのような軌跡をたどったと言える。

ZTATマイコンは「フィールド・プログラマブル・デバイス」の先駆けであるが、この製品が急速に受け入れられたという事実は、「フィールド・プログラマビリティー」がユーザーにとっていかに重要なものであるかを示しており、大きな教訓として受けとめたのである。

さて、八五年の後半から八六年にかけて日立半導体の大黒柱であったメモリ製品は市況悪化で価格は急激に落ち込み、売り上げは予算を大幅に下回る状況になっていた。それに対し、マイコンの売上げはZTATマイコンを中心に好調に推移しており、八六年一〇月のマイコン部門は不況の中にあっても売り上げの新記録を達成した。

この年は日米半導体協定が結ばれた年でもあるので、メモリ事業は日米両国政府の監視下に置かれて、その自由度は完全に失われていた。それはメモリに替わってマイコンが日立半導体の中心となって事業を牽引する時代がやってきたのだ、ということを意味するものであった。中でもZTATマイコンは「希望の星」となって多くの期待を集めながら生産が立ち上がり、世界の市場に浸透していった。

2 ワインドダウン事件

「好事魔多し」というが、「希望の星」のZTATマイコンをめぐって、モトローラとの間に新しい問題が発生した。内部では「ワインドダウン事件」とも呼ばれたが、この件によって両社の関係には決定的な亀裂が入る。

先の章で述べたようにＣＭＯＳ16ビットマイコン（63Ｋ）の認知問題が解決して、正式な市場導入がなされたのは一九八五年九月である。長かった「ＣＭＯＳ認知問題」が一件落着した直後からＺＴＡＴマイコンについての協議が本格化していった。

同月二四日にモトローラからオーエン・ウィリアムス氏（交渉窓口）など六名の技術者が日立に来訪し、午前一〇時から夕食に至るまで技術移転に関する会議が持たれた。ＺＴＡＴマイコンについての協力関係をこれからどのように進めていくかについて、実務担当も含めての具体的な協議を行ったのだ。

この会議の冒頭で私が歓迎の挨拶をしたのであるが、主たるメッセージは「日立はＺＴＡＴマイコンの技術をすべて開示する。ともにプロモーションして、Win-Win の関係を築きたい」という内容である。ＺＴＡＴがいかに重要であるかを端的に表現するために、以前に紹介した次のフレーズで締めくくった。"Someday, all micros will be made this way, ZTAT." これでＺＴＡＴの将来性を思い切って表現したのであるが、マイコンのことを理解している技術者にとっては素直に受け入れてもらったと思う。

その後、技術移転にあたっての具体的な方法が議論されたのであるが、日立としてもモトローラと協調して立ち上げれば、単独の場合よりもＺＴＡＴの普及が加速されるので、できるだけの支援を行うことを約束した。先方でもＺＴＡＴの持つ高いポテンシャルを理解し、製品化に積極的に取り組むとの意思表示がなされ、会議の後の宴席は良い雰囲気の中で盛り上がったのであった。

この当時、モトローラとの間の特許契約はマイコン製品とその他の半導体製品について異なった枠組みになっていた。通常の特許契約の場合、両社が持つ半導体特許全体を俎上に乗せて評価した上で、対価のバランスを協議して決める。しかし、マイコン特許についてはもっと込み入った形になっていたのだ。

まず、マイコン製品をモトローラ・アーキテクチャに準じた製品とそうでないものに区分し、前者はMFP（Motorola Family Product）と呼ばれていた。モトローラのアーキテクチャに準じているマイコンについては、プロセスやデバイス技術が異なっていても、MFPの中に入ることになる。たとえば、日立で独自に開発した4ビットマイコンはMFPに入らないが、モトローラ・アーキテクチャに準じた６８０１、６３０１、63Ｋ（68ＨＣ０００）、６３７０１Ｘ（ＺＴＡＴ）などはすべてMFPに入る。さらに、MFPについてはモトローラがセカンド・ソースするものと、しないものに区分する。セカンド・ソースをする製品には特許のライセンスを与えるが、セカンド・ソースをしない製品についてはライセンスを与えないというものである。セカンド・ソースについての条件交渉は特許交渉から切り離して、ビジネス交渉の一環として取り決めるという枠組みであった。

上記の例でいえば、６３０１と63Ｋ（68ＨＣ０００）については、すでにモトローラがセカンド・ソースをすることが決まっていたが、ＺＴＡＴのセカンド・ソースについてはその後のビジネス交渉に委ねられることになっていたのである。

そしてそのスタートが前述の東京における八五年九月二四日の会議だったのだ。この会議におけるモトローラ技術者のスタンスは極めて前向きであり、ZTATマイコン自体が先方にとっても価値ある製品であることから、セカンド・ソースについてはスムーズに進むだろうと思われた。

私はセカンド・ソース交渉が進行中の八六年二月二一日付けで武蔵工場長に昇格したのであるが、この時期には半導体が大不況に突入しており、日米半導体摩擦が燃え盛っていた。今から思えば、最悪のタイミングでの昇格であった。しかし、このような大不況の中にあってもZTATマイコンは市場で大好評であり、内外の営業部隊から増産要求が続いていたのである。

モトローラの実務部隊もZTATの評判をよく知っており、早期に製品化したいと望む声が強かった。たとえば日本支社の社長のリック・ヤンツ氏もその一人である。同氏はこの不況下においてもZTATマイコンが大健闘していることを良く承知していて「ZTATマイコンはダイナマイト・デバイスだ！」と表現していた。この表現には私も大いに感嘆したのであるが、ZTATマイコンの持つ強烈な威力を端的に言い表している。

この不況の時期にはいかにして工場の作業量を確保するかが半導体経営者にとっての大きな課題だった。彼はZTATを早期に導入することができれば、不況で作業量が減っているモトローラの会津工場のラインを埋めることができると考えていたのであろう。

しかし、前年九月のZTATに関する東京会議から八カ月も経った八六年五月にいたって、事態は急転する。モトローラから突然の知らせがあり「ZTATマイコンをやるだけのリソースがなく、セカンド・ソースはできない」とのことである。そして、六月に入るとさらに驚きの通知が入ってきた。すなわち、「ZTATマイコンのセカンド・ソースはできないので、特許のライセンスを与えることはできない。従って、日立にはこの製品をワインドダウン（Wind Down）することを要求する」といった趣旨のレターが届けられたのだ。

3 トップ会談の決裂

半導体の分野で「ワインドダウン」とは今まで聞いたこともない表現であるが、辞書を引いて調べてみると、「……を取っ手を回して降ろす」とある。平たく言えばZTATマイコンの店じまいをしてほしいとの要求であった。ZTATマイコンは最大の売れ筋になっていたので、我々にとってはあまりにも唐突なことであり、「ワインドダウン事件」とも表すべき大問題となったのである。

前年九月の東京会議においても先方のスタンスは前向きであったので、今回理由にあげている「リソースが足りない」ということが額面どおりであれば、両社の協力によって打開策があるはずである。私はマイコン事業グループの総帥であるマレー・ゴールドマン氏とフェイス・ツー・フェイスで話し合うことを決意した。腹を割って話し合えば何らかの打開策が見つかるはずだ、との思いからオースチンに飛んだ。同氏とは６３０１のセカンド・ソース問題、さらには63Ｋ認知問題と二度にわたって大きな問題を解決してきたので、今回もその時と同じような期待を持っていたのである。

会談を行ったのは、レターを受けてから間もない六月二〇日であった。ゴールドマン氏との会談においては、相互のポジションを確認した上で「どうすれば現状を打開できるか？」という点について文字通り「腹を割って」話し合うことができた。

私からはＺＴＡＴは市場からの要求が極めて強く、両社で今一緒に立ち上げれば世界で圧倒的なポジションを築くことができるだろうことを強調。また、立ち上げのサポートについては技術者の派遣など思い切ったプランを提案した。ゴールドマン氏はその話をしっかりと受け止め、この線にそってモトローラのトップに提案することを約束してくれた。私は同氏の誠実な人柄や実行力を良く知っていたので、彼からトップへの提案が道を開くだろうと期待していた。

それから三カ月が過ぎても、先方からのレスポンスは来なかった。「便りのないのは良い便り」なのか、社内交渉が難航しているのか……、いずれとも不明の状態である。

モトローラ社内ではゴールドマン氏からトップへの提案を巡り、内部でいろいろなやりとりがあったのだと思われる。その年の秋も深まった頃になって先方の渉外部門からようやくレスポンスが入った。「モトローラのトップは、ＺＴＡＴマイコンについて日立との協力はできないとの判断だ。この状況を打開するには、これまでの実務レベルの交渉では不可能だ。会社のトップ同士が直接話し合うしか道はない」との内容である。

状況は極めて難しくなってきたが、トップ会談に望みを託す以外に道はない。私は日立の代表として当時の電子グループを統括する畑捨三《はたすてぞう》副社長にご登場をお願いした。同氏は工場長の私の地位から見れば三段階も上のポストであり、半導体およびディスプレイ事業などを管掌する総帥である。

トップ会談は八六年一二月一日に行われた。先方からはミッチェル社長ほか半導体部門の幹部が出席。当方から畑副社長に同行したのは、私と本社（海外部）の塚田實氏などである。ミッチェル社長からはわざわざ畑副社長が出向いてくれたことに対して懇ろな挨拶があり、これまでの協力に対する謝辞が述べられた。畑副社長からは返礼の挨拶とともに、協力関係の再構築について、トップ同士でざっくばらんに話し合いをしたい、といった趣旨の言葉が述べられた。続いて実質的な話し合いが始まるかと思われた矢先に、ミッチェル社長から「今日のトップ会談はトゥー・レイトであった」との発言があり、この少し前に日本の別の会社との間で、包括的な技術提携の契約が合意されたばかりだとの発言があった。

これにて万事休す！　モトローラとのマイコン技術提携の関係は師走のトップ会談をもってすべて終わったのだ。会社対会社の関係はこの日から決裂状態になったのである。私の胸中にはむらむらと燃え上がる無念の思いがあった。マイコンの独自アーキテクチャなしでは何も自由にできない。たとえ厳しい道のりであっても、独自アーキテクチャのマイコンを一日も早く開発して、市場に投入しなければならない。

半導体不況で暗いことの多かった一九八六年が暮れて、八七年の年明け早々に、日立本社においてワインドダウンの進め方に関する最初のミーティングが持たれた。そのテーマは「いかにしてワインドダウンを進めるか」といった、いわば「戦後処理」に向けての打合せである。先方からはギルマン氏（特許担当）、オーエン・ウィリアムス氏（交渉窓口）など。日立からは本社海外部から松田、塚田の両氏、事業部から私とマイコン担当の初鹿野氏が出席した。この時点におけるZTATマイコンの出荷先は日本を含むアジアが六〇％、米国が二四％、欧州が一六％となっていた。世界各地に顧客が広がっていたので、そのワインドダウンは容易なことではなく、大問題を抱え込むことになったのだ。

当方の主張は、新規顧客への売り込みは行わないことにしても、既存の顧客についてはできるだけ迷惑がかからないような形にしなければならない、という点である。一方、先方は既存顧客といえども新規システムへのデザインは許せない、と反論する。双方から甲論乙駁の議論が出た所で、この日の結論としては「この問題は双方で持ち帰って再度協議をもち、二月末までに決着しよう」ということで、宿題を持ち帰ることにしたのであった。

ところが、ここで私の一身上に予期しない出来事が起こった。八七年二月二一日付けで武蔵工場長の職を解かれ、高崎工場長に任命されたのである。八六年下期の業績は大幅な赤字の見込みであったから、収益責任を持つ工場長として更迭され、左遷となったのである。

この時期、日米半導体協定の問題、メモリの価格下落による大不況に加えて、ZTATマイコンのワインドダウン問題を抱えたままの異動となり、痛恨の極みであった。特にZTATマイコンについては自ら先頭に立って、開発、量産、市場導入に向けてのプロモーションを行ってきた。その結果、多くの顧客から好評をいただき、さまざまな機種にデザイン・インを進めてもらっていたのだ。今回のワインドダウンによって、そのような方々に方向転換を強いることとなり、ひたすら胸の中でお詫びを申し上げるしかなく、無念の涙を飲んだ。

その後の実際のワインドダウン活動は事業部では初鹿野部長たちが中心となり、国内外の全営業部隊の協力を得ながら進められたのであるが、日立のマイコン事業にとっては大きな打撃であり、試練ともなったのだった。その悔恨の思いは今日でも消え去ることがない。

4 真夜中の逃避行

高崎工場に移ってから二年後の一九八九年は元号が昭和から平成に変わり、一つの時代が終わり、新しい時代が始まる節目となる年でもあった。日立の半導体事業の体制も新たな転機を迎えることとなる。高崎工場長としてマイコン事業から二年間離れていた私は、ふたたびマイコン事業に深く関わることになったのである。

この年の二月付で半導体事業部の中に「半導体設計開発センター（略称、半セ）」ができることになり、私が初代のセンター長に任命されたのだ。センター長の任務は、それまで工場の組織の中に入っていた設計開発部門をすべて統括することである。製品分野はマイコン、ロジック、メモリ、バイポーラIC、個別半導体と全分野にまたがり、さらにプロセス開発、パッケージ開発、CAD開発などの基盤技術部隊も含まれていた。

半セのセンター長に就任して、最初の大仕事がモトローラとのマイコン裁判への対応である。私がセンター長になるひと月ほど前にモトローラが特許侵害の理由で日立を提訴したのだ。半導体事業部のみならず、全社的な大問題となっていたのである。

話は少し前に戻るが、高崎工場長となる前の一九八六年一二月に日立の畑副社長とモトローラのミッチェル社長とのトップ会談があり、ミッチェル社長から別の会社と包括的な契約を結んだことが告げられ、これを契機として両社は袂を分かつことになったのである。

その以前から日立社内では「マイコンの独自路線」についての検討が進められていた。長年の盟友であったモトローラとの連携を完全に止めた場合、自社だけで道を切り開くことができるのか。技術面、マーケティング面のリソースは充分なのか、開発投資を回収するのに何年かかるのか。しかしながら、モトローラとの関係は、そのようなそろばん勘定による躊躇を越えなければならないほどに、抜き差しならないものとなっていったのである。

「独自路線」への決意を固めたのは八六年一〇月である。「モトローラ・アーキテクチャの既存製品はこれまでどおりサポートするが、今後の新製品はすべて日立のオリジナル製品に変えてゆく」という内容である。武蔵工場では最精鋭をそろえて独自マイコン開発に取りかかった。また、社内でも中央研究所、日立研究所、システム研究所、マイクロ研究所などの研究部隊から強力な支援をもらって最優先のプロジェクトとして進められたのである。

その年が明けて八七年二月、私は武蔵工場長を解任され、高崎工場長として赴任することになるが、武蔵工場では日立独自アーキテクチャのマイコンの開発は順調に進んで、Ｈ８と名付けた新製品は八八年六月に公表された。市場では好評を博し、デザイン・インも極めて順調に広がっていった。しかし、ここで予想もしない事態が発生したのだ。

Ｈ８の市場導入からしばらくして、モトローラが「Ｈ８は当社の特許を侵害している」ということを理由に八九年一月一八日に提訴したのである。この日から日立とモトローラは戦争状態に突入したのである。場所はモトローラ本社があるイリノイ州の地裁への提訴である。私はこのとき高崎工場長だったので、直接のレポートを受ける立場ではなかったが、後になってＨ８の開発メンバーから聞いたところを要約すると、以下のようなドラマチックな展開だったとのことである。

当日の午前に両社の関係者がＨ８のことを巡って協議した。日立サイドからはＨ８が日立の独自アーキテクチャに基づくものであることを説明した。しかし、モトローラの態度は最初からかたくなで「聞く耳を持たない」態度に終始し、実のある会議にはならなかった。会議の最後で、先方からディナーを一緒にしようという提案があり、日立勢の五名はいったんホテルに帰って待機することになった。

このときのモトローラの態度に「何かおかしい」と疑念を持ったのが、日立側の敏腕弁護士のアラン・ラウダーミルク氏である。同氏は直感的に、モトローラが即刻提訴に踏み切るのではないかと読んだのである。そして独特のチャンネルでそのような動きがあることを察知すると、急遽ホテルを出て、行方をくらます作戦を実行に移した。何の準備もない状態で裁判所からの出頭命令が下る事態を恐れてのことであった。

日立メンバーの全員に直ちにチェックアウトすることを指示した。ホテルのロビーで、わざと大きな声を出して皆に告げた。「これからオヘア空港に向かう。時間がないので急いでください」。

大きな声がホテルの従業員にも届くようにしたのである。

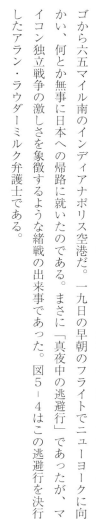

そして、車で向かった先は、もちろんオヘア空港ではなく、市内の弁護士会施設であった。昼間の行動は危険なため、しばらくここに身を潜め、その日の深夜に全員揃って向かったのはシカゴから六五マイル南のインディアナポリス空港だ。一九日の早朝のフライトでニューヨークに向かい、何とか無事に日本への帰路に就いたのである。まさに「真夜中の逃避行」であったが、マイコン独立戦争の激しさを象徴するような緒戦の出来事であった。図5－4はこの逃避行を決行したアラン・ラウダーミルク弁護士である。

図5－4　真夜中の逃避行を決行したラウダーミルク弁護士（2008年2月）

5　日立対モトローラの特許戦争

H8マイコンに対するモトローラからの提訴で、日立では全社的な大問題となり、すぐに反撃体制を固め、八九年一月二五日に「モトローラの32ビットマイコン（68030）が日立の特許を侵害している」と逆提訴を行った。

運命のいたずらというべきか、モトローラからの提訴の翌月に私は高崎工場長から新設の半導体設計開発センター（半セ）のセンター長に任命された。このマイコン裁判は半セが主担当の案件であり、私は多くの時間とエネルギーを割いてこの問題に対処することになったのである。

この裁判は日立対モトローラの全面戦争の様相を呈しており、多くの関係者が動員された。半導体事業部・研究所から五〇名、本社（社長室、海外部門、知財部門など）から二三名、日本・米国の弁護士が八三名。証言録取に当たった社内の関係者は三四名、延べ日数では八五日。準備した書類は段ボール箱で約七〇〇箱に及んだ。

日立の長い歴史においても米国との裁判に発展したのはこれが初めてのケースであった。私自身が証言録取のために厳寒のシカゴに向かったのは、八九年一二月八日、年の瀬も迫った頃であった。J・ソロビー弁護士事務所のバーバラ・スタイナー女史が証言録取のための予行演習をやってくれた。女史からは「記憶があいまいなことは思い出そうとしてはいけない。最後まで『記憶にありません、知りません』と言いなさい」といった、単純で基本的なアドバイスを多くいただいたことが思い出される。

裁判は一進一退の状況で、判決が出たのが九〇年三月二九日。その判決の内容は「日立のH８とモトローラの６８０３０とは互いに相手の特許を侵害しているから販売を差し止める」という内容である。日立にとって伸び盛りのH８マイコンの販売が差し止められることは大変な事態であったが、モトローラの６８０３０はH８よりも、はるかに大きな売上げ規模になっていたので、事業や顧客へのインパクトは計り知れないものがあった。判事はそのような社会的インパクトを斟酌した上で「判決の執行を六月一八日まで停止する」という執行猶予の決定を下した。その間に両社が和解交渉を行って結論を見出すための時間的な猶予を与えてくれたのである。

両社ではその線に沿っての動きが始まったのであるが、一筋縄ではいかなかった。まず「同じテーブルに着く」ことからして容易ではなく、実現したのは四月下旬になってからである。この和解交渉に当たって日立側のメイン・ネゴシエーターとなって存分の働きをしたのが、本社海外部の三木和信氏であった。同氏を中心にして、海外部門、知財本部、社長室が力を結集し、事業部門でも専任部隊を組織して、臨戦体制を整えた。

五月一四日になって東京においてエンジニアリング・ベースのミーティングが始まり、「マイコンの類似性（すなわちH8のアーキテクチャがモトローラのものと同一か否か）」について三日間にわたる議論が行われた。明快な結論が出たわけではないが、これと並行して幹部間の打合せが一五日〜一七日に行われ、この「顔見世」によってようやく話し合いの糸口が見えてきたのである。このような状況を受けて、五月下旬にシカゴで最初の本格的な交渉が行われることになり、本社からは海外部の三木和信氏と知財本部の赤木仁氏、事業部門を代表して私が出席した。二七日の午後にシカゴに着くと早速弁護士のJ・ソロビー事務所で内部打合せが行われた。日本からの三人とソロビー氏、ハリス氏の両弁護士を含めた五人で、翌日からの交渉に向けての作戦会議だ。

モトローラとの打合せは二八日から三〇日までの三日間に及んだ。先方からは、ギルマン、フィッシャー、セリグマンの三氏。双方とも社外弁護士は入らず、日立サイドは日本からの三名（三木氏、赤木氏、筆者）のみである。このときの交渉では双方の言い分が大きくかけ離れており、合意には遠かったが、相手が何を考えているかという点についてはそれなりの理解が進んだ。判決停止期限（六月一八日）も迫ってきているので、次の打合せを期限の前にシカゴで行うことを結論として会談を終えた。

次のラウンドは停止期限ぎりぎりの六月一五日からシカゴで始まった。双方とも出席メンバーは前回と同じく、それぞれ三名である。朝からミーティングをもち、何回かのブレイクを取りながら、終日の交渉を行ったが、妥協点には至らない。翌一六日の会談の始めに先方が「最新提案」を提示、その説明を詳しく聞く。その後、ブレイクをはさんで日立から「カウンター提案」を入れ、背景を説明した上で議論する。結論に至らず、再度のブレイク。そして先方より更なる「カウンター提案」があり、議論を続けるも妥協に至らない。

こうして、判決停止期限の一八日までには決着しないことがはっきりしたのである。やむなく、裁判所に対して再度の延長をお願いし、六月二九日まで延長してもらうことになった。一七日の会談の後で私は日本へ帰って、いわばキャッチャー役となり、三木氏のみが残ってギルマン氏と「一対一」の形の交渉をすることになった。

そして二〇日の早朝に三木氏から私の自宅に国際電話があり、先方が提示した最新の提案を知らせてくれた。先方にとってはかなり思い切った内容であることが私にも読み取れたので、これをベースに詰めに入るべきだと判断した。

三木氏には、私が社内の意見集約に動くことを伝えた上で、事業本部長の金原和夫《きんばらかずお》氏に報告して指示を仰ぎ、三田勝茂社長の了解をいただいた。これでようやく一件落着となったのである。

日立におけるマイコン開発年表

75/11	モトローラとマイコン契約締結
80/9	HD6801（NMOS版）発表
81/10	HD6301（CMOS版）発表
88/6	独自路線H8マイコン発表
89/1	モトローラがH8マイコンを提訴
90/3	判決
90/10	和解交渉が最終合意した旨を発表
92/11	SHマイコン発表
93/7	F-ZTAT発表

訴訟の論点

モトローラ	日立
●H8マイコンはモトローラの特許4件を侵害している	●H8マイコンはモトローラの特許を侵害していない
●M68030は日立の特許を侵害していない	●M68030は日立の特許1件を侵害している

判決、そして和解

90/3	判決は相互に特許を侵害しているということで和解交渉開始
90/6	和解方向で大筋合意した旨、発表
90/10	和解交渉が最終合意した旨、発表

図5－5　日立対モトローラの特許戦争のまとめ

社外に対して「日立、モトローラ両社、特許紛争解決で大筋の合意に達した」との発表を行ったのが六月二五日である。この日をもって両社の関係は停戦状態に入る。この後の詳細交渉については弁護士が中心になって契約文書の中身を詰め、日立の常務会で認可されたのが一〇月四日。モトローラでの社内決議も経て、社外に対して「和解交渉が最終合意」した旨の発表をしたのが一〇月一〇日であった。図５－５は日立対モトローラの特許戦争の概要を示す。

この裁判沙汰にとらわれて、ほぼ二年近くもの間マイコンの開発・販売活動は停滞を余儀なくされてしまった。日立の半導体事業にとっては大きな痛手となったが、和解を契機として、Ｈ８など独自路線マイコン製品のプロモーションが晴れてできるようになったのである。すなわち、「マイコン独立戦争」は一九九〇年一〇月一〇日をもって終戦を迎えたのだ。

最悪の事態を避ける形で集約できたのは、日立の総力を結集したことが大きな要因であるが、三木和信氏個人の力量と献身に負うところもまた大であった。まさに、プロフ

図5−6　モトローラ裁判の和解記念ゴルフ（1990年8月9日、狭山GC）
（左から筆者、赤木仁氏、三木和信氏、小川勝男氏）

エッショナル・ネゴシエーターの本領が遺憾なく発揮されたのである。余談であるが、私は後になって、一九九六年の日米半導体交渉の民間代表を務めたが、モトローラとの交渉における三木氏の交渉術で学んだことが多かった。

「モトローラ裁判の大筋合意」を発表してから二カ月後、お世話になった三人の方（三木氏、小川氏、赤木氏）をゴルフに招待した（図5−6）。八月の酷暑の中であるが、思い出深いゴルフを楽しんだのであった。

モトローラとの関係は最初の蜜月関係から始まり、倦怠期を経て対立関係へと変質していった。最後は裁判となり、その判決を受けての交渉で和解にこぎつけた。どのような要因によってこのような事態となったのかについて振り返り、サマリーとしたい。

(1)七〇年代半ば、マイコン分野ではインテルが独走状態。モトローラはアーキテクチャ面で優れた6800マイコンを遅れて市場導入、セカンド・ソースを求めていた。日立ではマイコン分野に早期参入のため、先行企業との連携を求めており、自動ボンダー技術との交換で、6800マイコンを導入。双方にとってWin-Winのスタートとなった。

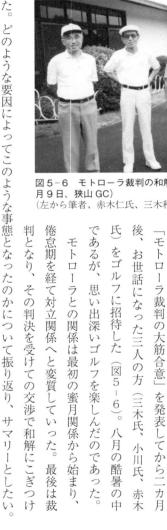

(2)当時、デバイス技術としてはNMOSが主流であったが、日立では高速CMOS技術を16KビットSRAMに適用し、その量産に成功した経験から、将来はCMOSが主流になることを確信していた。モトローラから導入したNMOSマイコンに続いてCMOSマイコンを開発。その技術をモトローラに移転したが、先方ではNMOSが主流と信じて、CMOSには消極的。双方のコンセプト・ギャップは広がっていった。また、先方には日立が開発したCMOS製品に対するNIH症候群も広がっていたようだ（これはどこにでもありがちなことではあるが）。その後業界全体は次第にCMOSに集約していき、先方でもCMOSの製品化を進めることになったが、この強みをビジネスに生かす戦略にはつながらなかった。技術の将来性（NMOS対CMOS）に対する認識の違いが行き違いの大きな要因であった。

(3)続いて開発されたZTATマイコンはTATがゼロの画期的な製品であり、先方にも技術を開示した。当時は半導体不況の中にあって、工場の稼働率をいかにして上げるかの課題があり、工場を預かる立場からは即効性のあるデバイスとして、ダイナマイト・デバイスとの評価も聞かれた。しかし、先方のトップの判断はこれを導入するよりも、日立に対して「ワインドダウン」を要求することを優先した。トップ外交の欠如が大きな要因としてあったと思われる。モトローラとの提携が始まったきっかけは一九七四年、当時の今村事業部長が先方を訪問し、トップ外交の道を開いてからであった。しかし、その後任は重電分野出身者となり、モトローラとの連携にはむしろ懐疑的であり、トップ外交は途絶えてしまった。

図5－7　モトローラ裁判記念「戦友の集い」（2008年2月、日立目白クラブ）

二つの企業がよい形での関係をキープするには技術者レベル、管理者レベルに加えて、経営者レベルのトップ外交が極めて重要である。組織の各層において相手方の状況を理解すべく、しっかりした人間関係を築いておくことの重要性を痛感したのであった。

時は下って、二〇〇八年二月一三日、モトローラとの一戦に参加した「戦友の集い」が日立目白クラブにおいて開かれた。約二〇名が参加し、米国からは「真夜中の逃避行」を決行した前出のアラン・ラウダーミルク氏も駆けつけてくれた。この集いにおいて、それぞれの体験談が披露されたのであるが、「本邦初公開」などの新しい話題もあり、大いに賑わった。図5－7は参加者全員の写真である。

第6章
マイコン大作戦

1　新分野を拓いた新型ＲＩＳＣマイコン

モトローラ社とのマイコン裁判は一九九〇年一〇月にすべて決着となり、日立のマイコン事業は過去にとらわれることのない自由度を得て、開発、生産、販売活動が新しく始まった。「マイコン大作戦」の始まりである。大作戦の最初の事例として、戦略的にプロモーションしたＳＨマイコンを取り上げたい。ＳＨは「Super H」を短縮したものであり、新型ＲＩＳＣアーキテクチャの32ビットマイコンである。

話は前後するが、私は一九七五年にモトローラとの技術提携を始めたときから日立のマイコン事業に取り組み、先方とのハネムーンのような時期に続くＣＭＯＳマイコンでの対立、ＺＴＡＴマイコンのワインドダウン事件、さらにはＨ８マイコンをめぐる裁判沙汰などを経て、最後には和解交渉にも深く関わってきた。

そのような流れの中で「完全にコントロールできるアーキテクチャを何としても開発しなければならない」というのが長年の悲願であった。したがってＳＨマイコンの開発から事業化に至るまで、先頭に立って道を開くことを自らに誓いつつ取り組んできたのであった。

日立のマイコン開発部隊は「真っ白なキャンバスに最新技術をベースにした絵を描こう！　これからの伸び筋分野に向かってベストのマイコンを作ろう！」という共通の目標に向かって邁進することになった。日立全社の研究所幹部にも、このプロジェクトの重要性を強調し、最大の支援をお願いすることにした。

開発に関与したメンバーをすべて記すことはできないが、設計開発のコアメンバーとして活躍したのは事業部では川崎俊平《かわさきしゅんぺい》、倉員桂一《くらかずけいいち》、赤尾泰《あかおやすし》、馬場志朗、木原利昌、吉岡真一、川崎郁也、稲吉秀夫などの各氏。ＨＭＳＩ（日立半導体の米国設計会社）からは**Jim Slager**、**Ehsan Racid**の両氏。研究所からは中央研究所の野口孝樹、内山邦男、システム研究所の海永正博《かいながまさひろ》、堂免信義《どうめんしんぎ》、日立研究所の前島英雄ら各氏である。無論この他にも開発ツールなど顧客支援システムの開発、マーケティング・広報、プロセス技術・パッケージング技術、品質保証など数多くの技術者が携わった。

モトローラのマイコンのアーキテクチャはＣＩＳＣ（**Complex Instruction Set Computer**：複雑な命令セットを使う方式）ベースであったが、「まったく異なるアーキテクチャを開発する」という基本命題を受けて、わが開発部隊が選択したアーキテクチャはＲＩＳＣ（**Reduced Instruction Set Computer**：縮小命令セットを使う方式）ベースであった。

ＲＩＳＣアーキテクチャは一九七〇年代にＩＢＭの８０１コンピュータに適用されたのが走りである。その後改良が加えられ、八五年にＭＩＰＳ社が初めて商用のＭＰＵを開発した。さらにＩＢＭのＰＯＷＥＲ、サンマイクロ・システムズのＳＰＡＲＣ、ＤＥＣのＡｌｐｈａなど高性能コンピュータ指向の応用が広がっていった。

わが技術陣ではＲＩＳＣの持つ高性能の特長を生かしつつ、消費電力を極力抑えるために多くの工夫を取り入れ、ＭＩＰＳ／Ｗ（ミップス・パー・ワット、消費電力あたりの性能）で世界の最高レベルを目指した。たとえば、アドレス長、データ長は32ビットであるが、命令セットのコード長を通常の32ビットから16ビットの固定長にしたこともその一つである。これによって、必要なメモリ容量と消費電力の大幅な低減に成功した。

図６－１　SH－１のチップ写真（1992年）
（チップサイズ約10mm□、0.8ミクロンCMOSプロセス、60万トランジスタ）

ＳＨシリーズの最初の製品としてＳＨ－１の発表を行ったのは九二年一一月の日立マイコン・テクニカル・セミナーのときであった。ＰＤＡ、携帯電話、ＨＤＤなどを含む各種マルチメディア機器への最適製品として導入したのである。図６－１はＳＨ－１のチップ写真を示す。当時最先端の〇・八ミクロンＣＭＯＳ技術を使って開発されたチップである。

この貴重な開発品をどのように市場に導入し、顧客を獲得し、生産・販売を軌道に乗せるか。この一

図6－2　決断のシングルチップ（1993年）

連のプロセスを滞ることなく同期させて、勝ち戦に導くのが私に課せられた任務である。私はこのマイコンを成功させるために断固たる決意を持って取り組むことにした。

九三年に入ってSH－1のサンプル配布が始まったころ、広報部隊からプロモーション企画が提案され、国内の各種のメディアに大きな広告を載せることになった。図6－2の「決断のシングルチップ」も広報活動に使われた一つである。極めて異例とも言える広告であるが、SHマイコンが日立にとっても、また自分にとっても「断固たる決意のマイコン」であることを示しており、マイコン事業の新たな出発の意思表示ともなったのである。

SH－1のサンプリングが開始されると、市場における評価は極めて高く、具体的なデザイン・インも順調に進んでいった。また、市場からのフィードバックとして、さまざまな用途に応じて異なる仕様の製品開発の要求も強く、SH－1に続く後継製品の開発が進められた。図6－3は製品系列の展開の模様を示している。SH－2、SH－3、SH－4、SH－DS

PなどSHファミリーは着実にそのファミリーを増やしていった。さらに応用分野特化のマイコンとして携帯電話向けの**SH-mobile**やカーナビ向けの**SH-navi**などが開発され強力なマイコンファミリーとして育っていった。

話は飛ぶが、二〇〇三年にルネサステクノロジが設立された時、これらのマイコン製品はすべてルネサスに移管され、その主力製品として事業を支えた（ルネサスにおける各種マイコンの市場シェアについては第7章第7節を参照）。

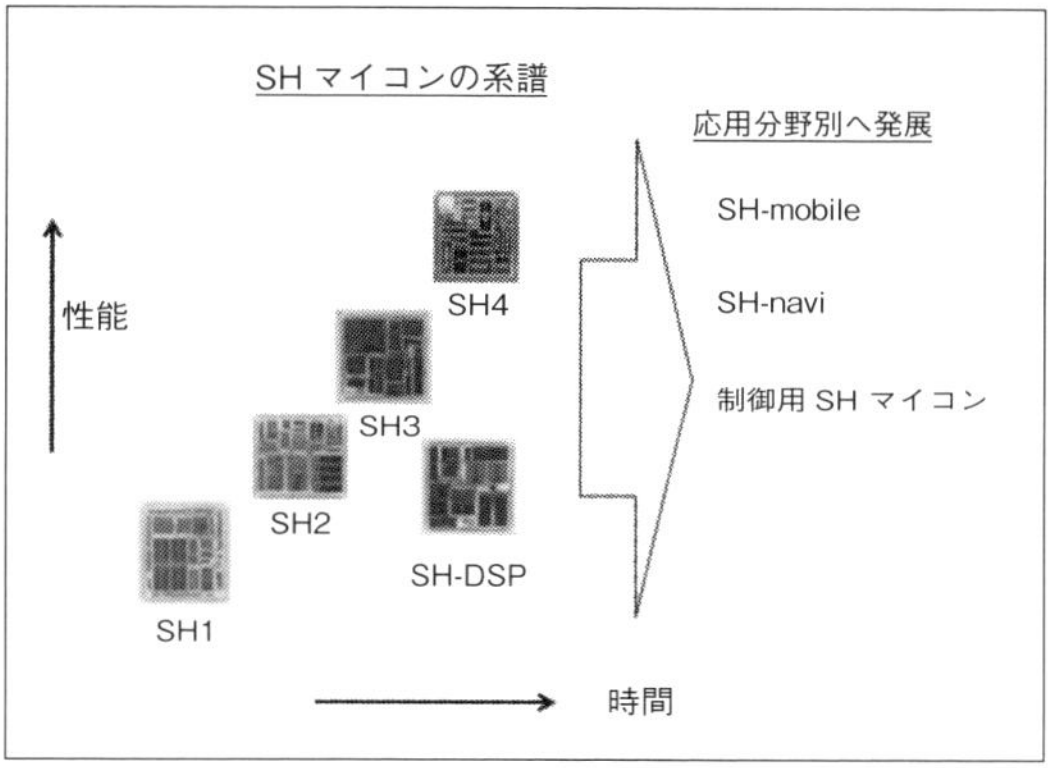

図6－3　SH マイコンのロードマップ（木原利昌氏提供）

SH－1はファミリーの先頭バッターとしての役割を十分に果たし、SHの名前を広く世界に広げることに成功した。多くのデザイン・インがあった中で、カシオのデジタル・カメラ（デジカメ）は成功事例の一つだ。デジカメについては以前から多くのメーカーで製品化の試みがなされていたが、技術のレベルが追いつかず、構想倒れになっていた。ネックになっていたのはマイコンの能力が低いこととコスト高の問題である。SH－1はシングルチップ・マイコンとしては世界で初めて16MIPSの性能を二〇〇〇円で実現し、そのネックを解消したのである。

カシオでは工夫に工夫を重ねて製品化に成功し、九五年にＱＶ－10の型名で発売した。二七万画素のＣＣＤが搭載されたデジカメは、予想をはるかに上回る売れ行きを示したのであった。九五年はマイクロソフト社からＷｉｎｄｏｗｓ95が発売され、パソコンの普及が急速に広がった年であり、ＱＶ－10はパソコンへの手軽なインプット・デバイスとして好評を博したのである。

後日、当時のことをカシオの樫尾和雄社長から伺ったことがあるので紹介しよう。

「ＱＶ－10の発売に先立って、カメラの専門家や写真家に評価してもらったのですが、画質が低いとの意見が強く、社内でも大きな期待は持っていませんでした。その当時はパソコンへの手軽なインプット・デバイスという視点が欠けていたのです。したがって生産の手配も十分ではなかった。そこに、発売直後から急な注文が殺到したので、日立さんに駆け込んでＳＨマイコンの急増産を頼みましたし、ＣＣＤや液晶のメーカーにも無理をしてもらったのです。ゴルフにたとえれば、ＯＢかなと思っていた打球が木に当たってグリーンに乗り、図らずもバーディーを取ったようなものでした」。

ＱＶ－10が先頭に立って、デジカメ市場を新しく作り出したのであるが、その後多くのカメラ・メーカーや電子機器メーカーもこの市場に参入した。二〇〇三年にはついにフィルム・カメラの生産量を凌駕し、今日ではカメラの主流製品になっている。ＳＨマイコンがカメラの転換を促す役目を果たしたのだ。

ＳＨ－２のデザイン・インの成功事例はセガのゲーム機（セガサターン）である。セガの中山《なかやま》隼雄《はやお》社長とはＳＨマイコンが開発段階にあった九二年一月ころから食事などの機会を通じてコンタクトがあり、ＳＨの概要について逐一その状況を知らせていた。その年の一〇月の時点では、ＳＨの正式なアナウンスの前であったが、中山社長からは「セガの次機種にＳＨを使うことを決めた」と告げられた。日立としては一歩も後に引くことはできない状況となったのである。九三年に入って、中山社長、入交《いりまじり》昭一郎《しょういちろう》副社長からゲーム機の発売は九四年九月に決めたので、マイコンをしっかり開発して立ち上げてほしいとのこと、日立では万全の体制を組んでＳＨ−２の開発・生産に注力した。

その年のトイショーでデビューしたセガサターンにはＳＨマイコンが二個使われており好評を博した。実際に発売されたのは同年一一月である。初日だけで一七万台を売りさばいたとのことで、日立でもＳＨ−２マイコンの増産に拍車がかかった。

ここに二つの事例だけを紹介したが、ＳＨマイコンはそのほかにも電子楽器、カーナビ、デジタル・ムービー、ＶＴＲなどにも使われ、「デジタル・コンシューマ製品」と称される大きな新分野を切り拓いていったのである。

九六年の年明け、ＳＨマイコンにとって思わぬ朗報が飛び込んだ。米国のマイコン関連の雑誌*Microprocessor Report*（九六年一月号）からＲＩＳＣマイコンの生産数（一九九五年）ランキングが発表されたのだ。ＳＨの生産数は一二〇〇万個、シェアは四一％、他社製品を大きく離しての第一位だった。二位につけたのはインテルのｉ９６０（シェア二〇％）、三位ＩＢＭの**PowerPC**（同一一％）、四位ＭＩＰＳ（同一一％）、五位ＡＲＭ（同七％）の順位となっていた。

このような高いランキングにつけた要因としてはセガサターンをはじめ、カシオのデジカメなど多くの分野に広がっていたことである。このニュースはＳＨの開発・生産・販売などに携わっていた関係者にとって最高の「お年玉」だったと言える。

ＳＨマイコンが市場で好評を博した背景として、新型アーキテクチャによって達成された次のような特徴を挙げることができる。

(1)消費電力あたりの性能ＭＩＰＳ／Ｗ（ミップス・パー・ワット）が世界最高……ＳＨ－３では１００ＭＩＰＳ／Ｗと桁違いの数値を達成
(2)世界最小サイズの高性能ＲＩＳＣ……コアサイズ：六・五八㎟
(3)ＭＩＰＳあたりのコストを大幅に低減……１＄／ＭＩＰＳを達成
(4)マルチメディア向けプロセッサとして最適……ＲＩＳＣ＋ＤＳＰ機能の相乗効果など

2　ＶＬＳＩシンポジウムでの基調講演

私はＳＨマイコンの市場導入以来、国内はもとより世界の主流に押し立てるための秘策について思いを巡らせていた。ちょうどその頃、ＰＤＡ（Personal Digital Assistants）が市場に現れたのである。アップルの「ニュートン」やシャープの「ザウルス」に代表される高性能のポータブル・デジタル端末である。私はこれらの出現に大いに触発されるところがあった。特にニュートンは画期的で、いよいよ「ノマディック・コンピュータ」の時代が来た、と感じさせるものがあった。ノマディック（遊牧民的）とはモバイル端末を使うことによって時間や場所の制約から解放される状況を意味している。九三年のＰＤＡの出現によって、ノマディック・コンピューティングのイメージは抽象的なものから、より具体的なものとなり現実性を帯びてきたのだ。

私はこれら一連の動きを、八〇年代のパーソナルコンピュータ（ＰＣ）に先導された「ダウンサイジング・トレンド」から、九〇年代のモバイル端末に先導される「ノマディック・トレンド」への移行の始まりであると捉えた。そしてローパワーで高性能のＳＨマイコンは、そのような新トレンドにおいて中核的な役割を果たす位置づけにしようと考えた。すなわち「ノマディック時代におけるメイン・エンジン」を目指すのだ。

日立の半導体部門全体としてはＳＨマイコンを中心にして、ローパワー・メモリ、ローパワー・ロジック、ＲＦデバイスなどからなるローパワーデバイスのポータブル・システムを顧客に提供する準備が整っていた。「ノマディック時代におけるシステム提案事業」の走りである。

このようなコンセプトを半導体の全部門に徹底するために、まず九三年六月の営業生産連絡会議の席上で披露した。この会議は半導体事業に関係する営業、事業部、工場の幹部（おおむね部長以上）が毎月一回集まってビジネスのレビューと情報交換を行うものであり、ここでの方針が事業活動の原点となる。このときのスピーチを皮切りに、社内でのさまざまな機会に持論を繰り広げて徹底を図った。顧客に対するプレゼンにおいても、各種の講演会においても、また国内外のマスコミのインタビューの場合にも、このコンセプトを繰り返し説明した。

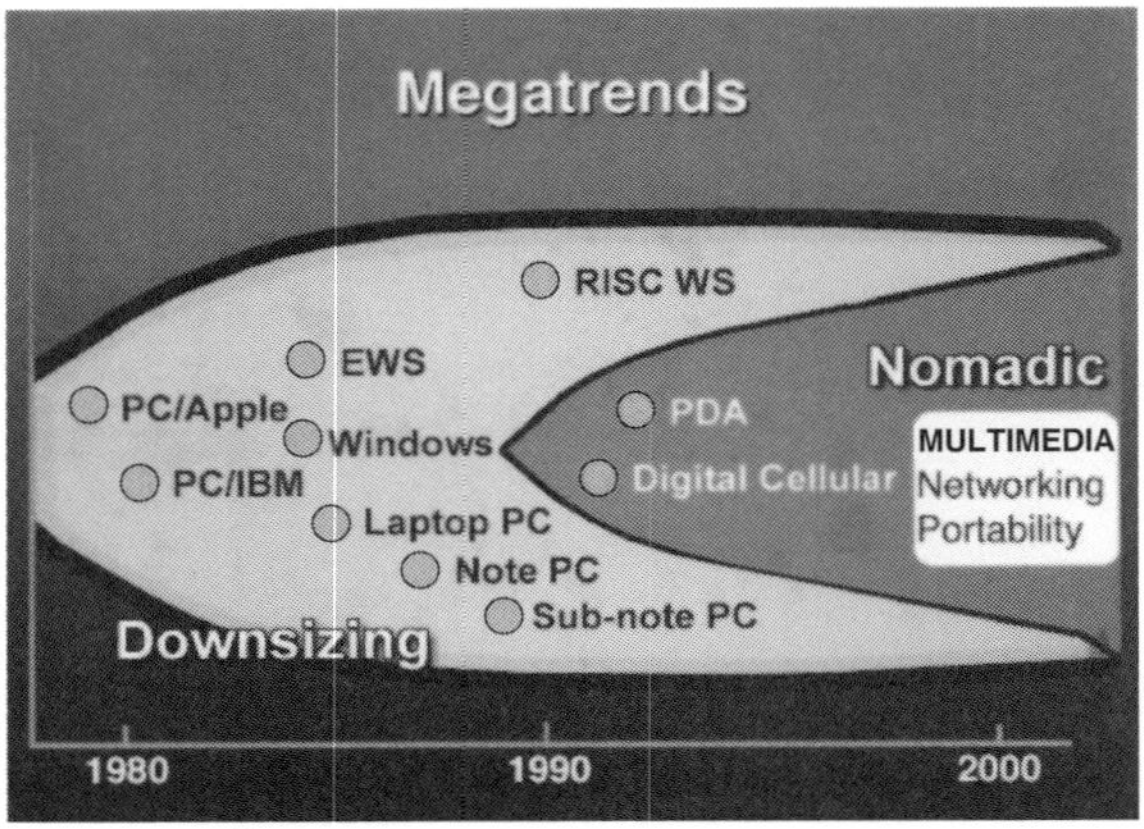

図６－４　Megatrendsのスライド（94年5月、InStat社主催）

このようにして「ノマディック時代におけるメイン・エンジン」としてのSHマイコンの位置づけを内外に向けて打ち出していった。これらの活動によって、SHマイコンの知名度は国内外で次第に高まってゆき、グローバルな製品へと広がっていった。

九四年に入ると半導体調査会社のInStat社から、五月開催の国際会合におけるキーノート・スピーチの招待があった。ジャック・ビードル社長はモトローラ出身の名物男であり、会合の場所はモトローラの本拠地とも言えるフェニックスである。私はSHマイコンにとっても、さらにその知名度を高める良い機会と捉えて、これを応諾した。タイトルは"Megatrends in the Nomadic Age"（ノマディック時代のメガトレンド）と決めた。図６－４はその会合で使ったスライドの一枚であり、ＰＣ時代のダウンサイジングからノマディック・トレンドへの変遷を示す（原資料は日本半導体歴史館・牧本資料室・第六展示室に収蔵）。

この図はＰＣを起源とする「ダウンサイジング・トレンド」から、高性能モバイル端末が生み出す「ノマディック・トレンド」への移行を示すコンセプトの最初のバージョンである。図に示すように当時の製品としては、デジタル・セルラー（携帯電話）とPDA（個人持ちのデジタル端末）しかなく、さびしい内容であった。しかし、その後このカテゴリーにおいては続々と新製品が市場に導入された。たとえばデジタルカメラ、MP3プレーヤー、HPC（ハンドヘルド・コンピュータ）、携帯ゲーム機などである。そしてその延長線上には今日のタブレットPC、スマートフォン、電子書籍など多種多様の電子機器がある。そのような動きにあわせて図6－4の内容も次々にアップデートされていった。

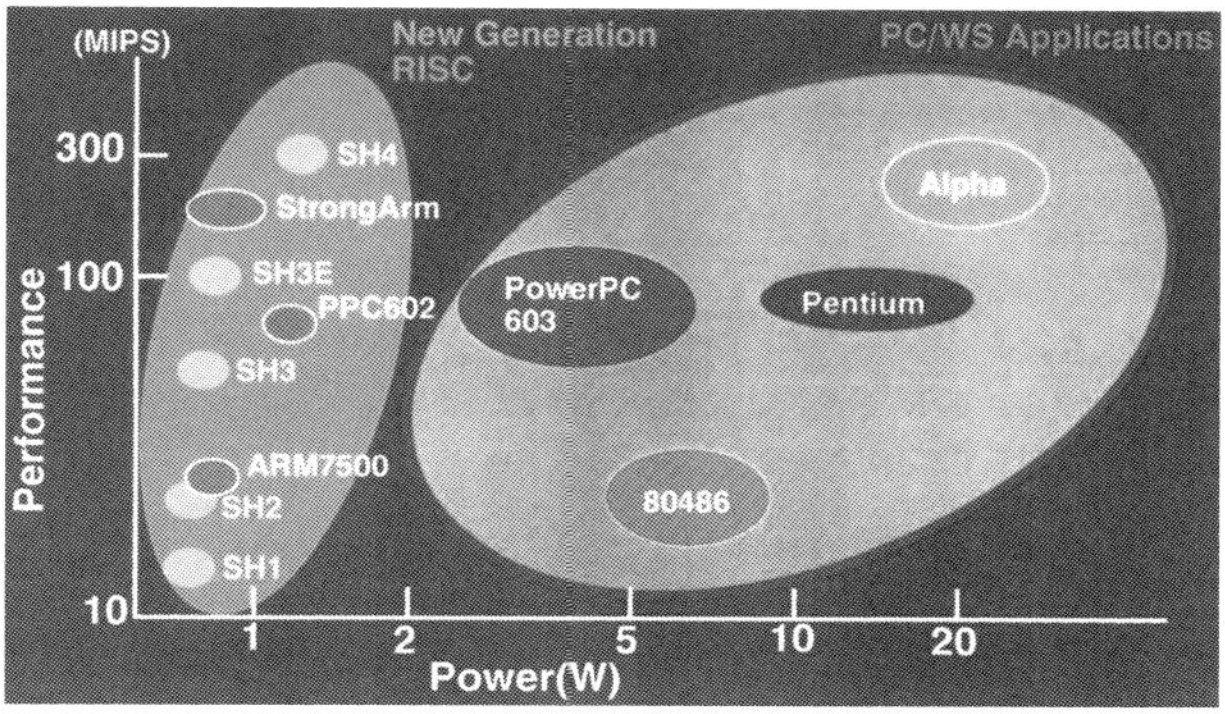

図6－5　各種マイコンの性能（MIPS）とパワーの分布

　九六年六月、ハワイで開催された「VLSIシンポジウム」においてキーノート・スピーチの依頼をいただき、"Market and Technology Trends in the Nomadic Age"（ノマディック時代における市場と技術の動向）と題する講演を行った。この学会は半導体分野においてISSCCやIEDMと並ぶ重要な位置づけであり、多くの参加がある。キーノート・スピーチの依頼をいただくのは名誉なことであり、渾身の力で準備を進めた。（原資料は日本半導体歴史館・牧本資料室・第六展示室に収蔵）

　発表の主題は高性能・ローパワーデバイスがもたらす、ポストPC時代の新パラダイムである。SHマイコンを話

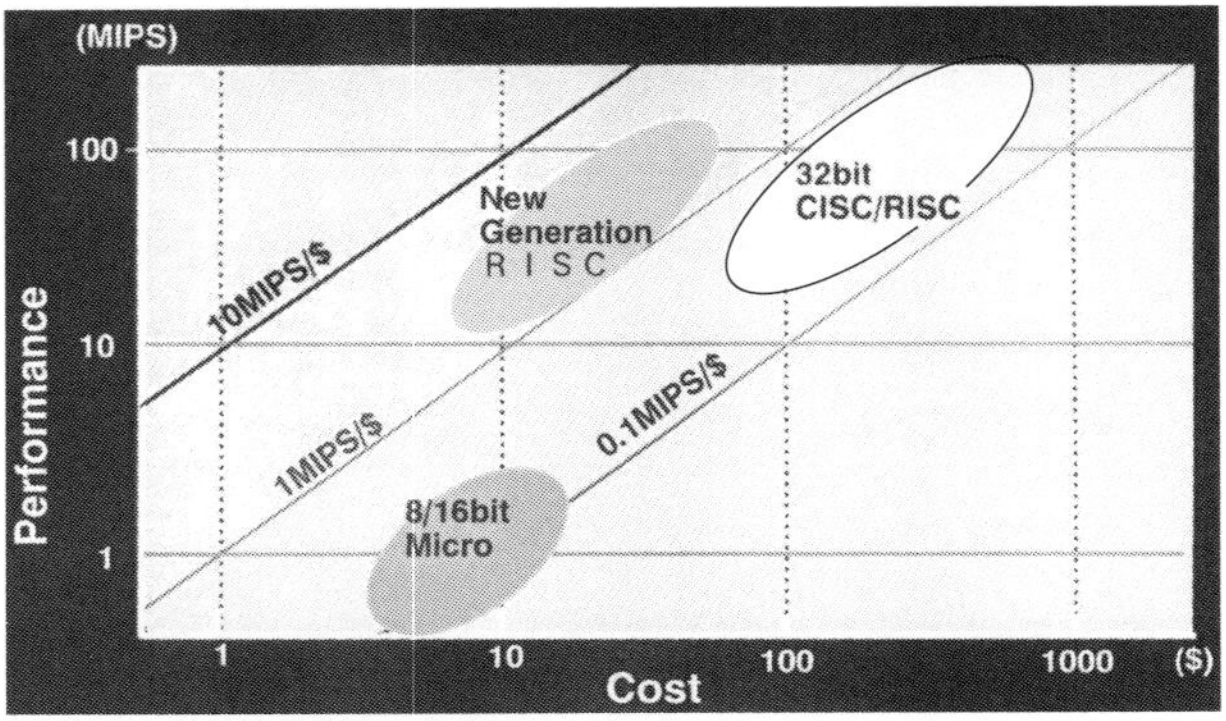

図6－6　マイコンの性能（MIPS）とコストの分布

の中心に据え、その技術革新のインパクトについて述べた。このとき使ったスライドから二枚を紹介しよう。

図６－５は各種のマイコンの性能（ＭＩＰＳ）と消費電力（Ｗａｔｔ）の分布を示す。ＰＣやＷＳ（ワークステーション）向けのマイコンに比べて新型ＲＩＳＣマイコンはＭＩＰＳ／Ｗａｔｔの点で圧倒的に優れていることを示している。この違いこそがポストＰＣ時代の新パラダイムを生み出す原動力になっていることを強調した。

図６－６は各種マイコンについての性能とコストの分布である。ＭＩＰＳ／コストで見るとき、ＣＩＳＣ型と新型ＲＩＳＣ型とではほぼ一桁の違いがあることを分かりやすく示している。そして近い将来、新型ＲＩＳＣは10ＭＩＰＳ／＄の壁を破るだろうと述べたのであるが、この講演の翌年にはすでにそのような値が実現されたのである。

私の講演が終わった後、インテルの技術担当の幹部と懇談する機会があった。半導体関連の会合にはいつも顔を見せる常連の一人であり、気軽に話せる関係であった。彼から面白いコメントを聞かされた。「牧本さんの講演では、驚かされたことがこれまでに二回ある」というのである。

「一回目は一九八一年の Dataquest Conference におけるＣＭＯＳメモリの話だ。インテルの２１４７（ＮＭＯＳ）と日立の６１４７（ＣＭＯＳ）を比較したデータには驚いた。凄いデバイスが出てきたと、インテルの技術陣に大きな刺激を与えた」。「そして二回目は今日の講演の中での新型ＲＩＳＣとＣＩＳＣとの違いについてのデータだ。ＭＩＰＳ／ＷａｔｔもＭＩＰＳ／コストも桁違いの開きがあり、大きな刺激になった」。これらの点は新型ＲＩＳＣの最も大事な特徴であり、さすがに半導体トップ企業のインテルの技術者は見るところをよく見ていると感心させられた。この時点においてＳＨマイコンはいわば「ヌーベル・バーグ」の旗手のような輝きを持っていたのだと思う。

３　Ｗｉｎｄｏｗｓ ＣＥプロジェクト

ＳＨマイコンの製品発表が行われたのは九二年一一月であるが、九三年に入ると拡販活動も活気を帯びてきて、次第に認知度が上がり世界に知られるようになった。そのような動きの中で、マイクロソフトのコンシューマ向け新ＯＳ（後のＷｉｎｄｏｗｓ ＣＥ）をＳＨマイコンに搭載する共同プロジェクトが始まる。「マイコン大作戦」の中の重要戦略である。

それがどのような経緯でスタートしたかについては、当時ＨＭＳＩ（日立半導体の設計会社）に勤めていたトニー・モロヤン氏の手記をベースに私の記憶も辿りながら当時の状況を記す。

コンシューマ分野へ指向するマイクロソフト（以下、ＭＳ）社のビル・ゲイツ社長の意向を受けて、ハレル・コデシュ氏を中心とする六人のメンバーが来日し、日立ともミーティングを持った。この会合に私は出なかったが、本社、コンピュータ部門、家電部門、半導体部門からの出席があったとのことである。全員日本人であり、例外は米国から参加したトニーのみであった。従って、自然の流れでＭＳ社のハレルにとっては、トニー・モロヤンが日立側の窓口のような形になった。

ＭＳ社から、コンシューマ分野へ指向する同社の新しい方針が述べられ、日立ともぜひ協力して行きたいとの提案がなされ、日立での対応を検討してほしいとの提案があった。それに対して日立からのレスポンスが極めて遅かったため、ある日ハレルからトニーに対して怒りの電話が入った。「このような、のんびりした対応しか出来ないのであれば、日立は共同開発のリストから外したい。本気でやる気があるのなら来週の月曜日までにプロポーザルを出してほしい」。

この電話を受けて、時間がないと判断したトニーはＨＭＳＩの初鹿野社長と相談の上、非常手段をとることにした。通常の情報ルートを省略し事業部長の私に直接アピールすることにしたのだ。先方の指定期限に間に合わせるためには、現地のＨＭＳＩでプロポーザルを取り纏めて提出するしかない。大幅な裁量権を与えてほしいという内容である。

私はこのプロジェクトがＳＨマイコンのみならず、日立の半導体事業全体、さらには情報家電分野にとっても極めて大事であると認識して、トニーの申し出を大筋で認め、至急のアクションを取るように伝えた。さらにＭＳ社との共同開発については最重要事項として自分がコミットし、十分にサポートするので、思い切って取り組んでほしい旨を告げた。それを受けてトニーは週末の時間をすべてプロポーザルの作成に費やし、先方が要求した月曜日に間に合わせたのであった。

このようにしてともかくMS社との共同プロジェクトのスタートラインに立つことになったのである。その後数回の実務レベルの会合を経た後で、プロジェクトの正式なキックオフが行われたのは九四年二月二三日であった。シアトル近郊のレドモンドにあるMS本社ビルにおける第一回の幹部会談である。先方からは上級副社長のネイサン・ミヤボルト氏を筆頭にコンシューマ部門トップのクレイグ・マンデイ氏などの幹部が出席し、プロジェクト担当のハレルが全体を取り仕切った。

日立側からは私のほかHMSIの初鹿野社長、トニー、マイコン設計部の木原部長など。新OSが搭載される予定のマイコンはSH－3であるが、この時点ではまだ影も形もなく、ペーパー・スペックの段階であった。SH－1、SH－2の販売実績とSH－3のスペックを信じてのプロジェクトのスタートとなったのである。

会議の冒頭でハレルから、このプロジェクトのコードネーム（Pulsar）と開発対象のコンシューマ向け新OSの仮称（Pegasus）が告げられた。続いて、この会議において先方から強く要求されたことは、SH－3マイコン（100MIPS版）とコンパイラの開発日程の厳守であり、細かいマイルストーンごとにフォローが行われることになった。また、評価ボード、ICE（**In Circuit Emulator**）、デバッギング・ツールなどについても、それぞれの主要なマイルストーンが決められた。

コンパイラの開発には高度のプロフェッショナルなスキルが必要であり、日立半導体グループだけでは取り扱いかねる内容であった。外部リソースを活用することにして、元ＤＥＣでコンパイラ開発を担当していたビル・バクスタ氏がスピンアウトして設立したベンチャーのビースクエア（bSquare）社に依頼することになった。

双方のプロジェクト・リーダーはＭＳ側がハレル、日立側は木原部長となり、ＨＭＳＩのトニーが専任として全体のコーディネーションに当たった。また、マイコン・ソフト設計部の茶木《ちゃき》英《ひで》明《あき》氏はソフト開発の専任として、頻繁に米国出張してＭＳ社、ＨＭＳＩと連携しながら開発を進めることにした。

この共同開発プロジェクトは九三年のプロポーザルの提案から九六年までの足掛け四年間にわたったが、日立半導体グループとしては最重点のプロジェクトに位置付け、主要なマイルストーンの会議には必ず私が出席して手抜かりのないように努めた。

キックオフ会議から九カ月が経過した九四年一一月中旬、ＳＨ－３のファースト・カットが完成し、デバッグが始まった。ＭＳ社との約束納期を守るためには「一発完動」以外の選択肢はないのだ。奇跡的な幸運に頼らなければならない。そのような不安と期待で報告を待っていたところ「おおむね当初のスペック通り動作している」とのこと！

まさに感動的な「一発完動」であった。これでプロジェクトの前途が大きく開けたのである。年末には予定通り、評価ボードのＭＳ社への提供が可能となり、双方のプロジェクト・メンバーにとっては大きなマイルストーンを越えることになった。

このような進展を受けて、第二回の幹部会議の開催は九五年三月九日。先方ではこのプロジェクトがミヤボルト氏率いるR&DグループからPEG（Personal Electronics Group）に移管され、製品化へ一歩近づく形になった。上席副社長のブラド・シルババーグを筆頭にハレルなど、キーメンバーが来日し、東京での会議である。SH－3が単なるペーパー・スペックから実際の製品になった段階、すなわちバーチャルがリアルになった段階での会議であったため、先方は日立の実力を高く評価し、会議は大いに盛り上がった。この席で、新OSを使ったビジネスについても、すでにいくつかの話が進んでいるとの報告があり、カシオ、コンパック、ノキア、LG電子などの携帯情報端末が候補に挙がっていたのである。

また、新OSがサポートするプロセッサとしてはSHの他、MIPSとX86（インテル系）の二系統が候補になっていることは以前から知らされていた。この競争には絶対に勝たなければならない、というのが我々の強い決意であった。

先方の話では、今のところSHが先行しているとのことであり、MS社の新OSが最初にSHマイコンに搭載される可能性が出てきたのだ。これは日立のマイコン事業にとって画期的な事であり、まさに千載一隅のチャンス到来だ！　PCについてはX86のアーキテクチャがほぼ独占の形になっているが、来るべきノマディック時代においてはSHマイコンがメイン・エンジンの役割を最初に担う可能性がでてきたのである。

先方のプレゼンを受けて、私はこのプロジェクトに対する固い決意を述べた。「日立の半導体部門においてはマイコン事業が最重要部門であり、中でも独自アーキテクチャのSHマイコンは最重点製品である。「ノマディック時代におけるメイン・エンジン」を目指して、プロモーションを進めてきたが、ＭＳ社の新ＯＳ（Ｐｅｇａｓｕｓ）が搭載されればまさに「鬼に金棒」だ。全社の研究部門からの支援を含め、総力を結集して取り組む決意であり、私自身もこのプロジェクトに深くコミットして遺漏のないようにする」。

五カ月後の九五年八月、レドモンドのＭＳ本社に於ける第三回の幹部会議に出張した。先方からはビル・ゲイツ氏に次ぐポストのポール・マリッツ副社長、シルババーグ上級副社長、それにプロジェクト担当のハレル他、キーメンバーとのレビュー会議および懇親が目的である。当方からは私の他、ＨＭＳＩの初鹿野社長とトニー、日本から木原部長、専任担当の川下《かわしも》智恵《のりしげ》氏、ソフト担当の茶木英明氏だ。ちょうど夏休みの期間でもあり、相互の懇親を深めることも今回の目的であったのだが、ちょっとしたハプニングから始まった。

現地到着の午後、ＭＳ社の人たちと懇親のゴルフをする約束になっていたが、あいにくの小雨模様である。しかし、日立の慣習では「小雨決行」が普通で、特に夏の間は小雨で中止となることはない。ひとまず予定のゴルフ場、ベアクリーク（Bear Creek）まで出かけることにした。ところがＭＳ社のメンバーは誰も来ていない。携帯電話もまだ普及していなかった頃で、連絡の取りようもなく、とりあえず日立のメンバーだけでスタートした。何ホール目まで進んだ時であったか、ようやく先方のメンバーが三人やってきた。ＭＳ社の慣習では夏の間といえども、小雨決行はありえない、とのことである。両社の「社内常識」の違いがもたらした行き違いであった。

そうは言いながら、彼らも日立流にならってゴルフに参加することになった。ところが、ホールが進むごとに雨は次第に強くなり、しかも寒さも厳しくなって、とても夏とは思えない天候に変わったのである。残り二ホールのところでついに断念、クラブハウスに戻って談笑したのであった。これで「小雨決行」をしない理由が判明。やはり「郷に入れば郷に従え」だ。なお、このとき、MS社から同社のロゴ入りのゴルフシャツのプレゼントをいただいた。

この時点ではプロジェクトの進行が比較的順調であったため、この日の夜の会食では大いに話が弾んだ。特に現地産のおいしいワインがふんだんに振舞われ、場の雰囲気を和らげたのであった。図6－7はMS幹部との会食時の写真であるが、私はプレゼントのゴルフシャツを着ての参加であった。また、卓上のたくさんのワイングラスも当時の盛り上がった雰囲気を思い出させる。その翌日には第三回幹部会議が行われた。

図6－7　MS幹部との食事会（95年8月）
（左からシルババーグ上級副社長、筆者、茶木英明氏〔後〕、ハレル・コデシュ氏）

その翌年の九六年五月二二日、東京にて第四回幹部会議があり、MS社幹部からプロジェクトの現状と今後の進めかたについて報告があった。これに先立つ五月七日、八日に新OSのキックオフがMS社の主催で行われたのだが、約一五〇社のISV（独立ソフト業者）が参加して、大変に盛大であったとの報告がなされた。また、マイコンのSH対MIPSの競争ではS

Ｈ陣営が優勢であり、ポテンシャル・ユーザーとしてカシオ、ＬＧ、ＨＰ、コンパックの名前が具体的に挙げられた。さらに、Ｘ86系のサポートは殆んど進行していない様子なので、この戦いはＳＨ対ＭＩＰＳの一騎打ちの様相を呈してきた。

この一戦における勝利は目の前に近づいていたが、最後まで手を抜くことはできない。先方のスケジュールでは、新ＯＳの新聞発表は夏頃に行い、一一月に米国ラスベガスで行われるコムデックス（最大級のコンピュータ関連展示会）において各社の携帯型コンシューマ機器（後にハンドヘルドPCと名付けられた）が一斉に発表され販売開始になる計画とのこと。いよいよカウントダウンが近づいてきていた。

ＭＳ社から新ＯＳの新聞発表が行われたのは九六年九月一六日（米国時間）、正式名称は「Ｗｉｎｄｏｗｓ ＣＥ」と発表された。また、このＯＳを使った掌上パソコンはＨＰＣ（Handheld PC）と呼ばれることになった。

この発表に呼応する形で、日立では九月一七日（日本時間）に記者会見を開きＳＨマイコンについての戦略説明を行った。翌日の新聞には「Ｗｉｎｄｏｗｓが（インテル以外の）ＳＨマイコンに搭載されるのは画期的」、「新ＯＳとＳＨマイコンが携帯パソコンの起爆剤に」といった大見出しの記事が掲載され、ＳＨマイコンの名を大いに高めてくれたのである。これまで長い年月をかけて積み上げてきたマイコン陣営の努力が実を結ぶこととなり、このプロジェクトに携わってきた関係者にとって最大のねぎらいであり、励みともなった。

二カ月後の一一月に開催されたコムデックスにおいては七社からＨＰＣの製品発表が行われた。

SHマイコンを採用したのはHP、コンパック、カシオ、日立、LG電子の五社。対するMIPS採用はNECとフィリップスの二社。一騎打ちの勝負は五対二でSHの圧勝となったのである。

コムデックスにおけるSHマイコンの圧勝はこれまでの長年にわたるマイコン独立戦争の勝利の証であった。ノマディック時代のメイン・エンジンの地位が確立されたのである。MS社との四年にわたる長期のプロジェクトであったが、SHマイコンにとっては記念すべきマイルストーンとなったのであった。

図6－8はHPCとノートPCとの諸元を比較したものである。HPCは性能的にはノートPCの三分の一であるが、コスト、サイズ、電池寿命の点を考慮すると携帯性に優れており、まさにノマディック時代の主役ということができる。このようなトレンドはその後、ネットPC、スマートフォン、タブレット端末などへと受け継がれていった。

コムデックス終了直後の一一月二四日、レドモンドにおいてMS社幹部との第五回幹部会議が開かれたが、これは共同開発プロイジェクトを総括する会議であった。先方からはMS社大幹部のポール・マリッツ氏をヘッドにコンシューマ部門トップのクレイグ・マンディ、プロジェクト・リーダーのハレル・コデシュなど各氏が出席。当方からは私の他にHMSI社長の初鹿野凱一、家

	Notebook PC	H/PC	Remarks
Battery Life	4.5 Hours	8 Hours	2 times longer
Size	4000 cc	800 cc	5 times smaller
Cost	3000 $	1000 $	3 times cheaper
Performance	360MIPS CISC	130 MIPS RISC	3 times slower

図6－8　ノートPC対HPCの比較（筆者講演資料より）

電部門のＨＰＣ担当大西勳《おおにしいさお》、プロジェクト・リーダーの木原利昌、ＨＭＳＩ担当のトニー・モロヤンの各氏が出席した。

会議の冒頭でこのプロジェクトの推進役のハレルから総括的な報告がなされたのであるが、最初の言葉は日立側の協力に対する謝辞であった。当時のメモには次のように記されている。「……日立は信じられないほど協力的に支援してくれた。七兆円規模の大会社ではなく、あたかもハングリーな学生のようであった」。これは、このプロジェクトに携わった日立の全メンバーに対する最大の賛辞として、ありがたく受け止めたのであった。

今後、このＯＳはＨＰＣ以外にも幅広い活用を考えているとのことであり、たとえば、ゲーム分野、グラフィックス応用、ホーム・マルチメディア、インターネットＴＶ、自動車など多くの民生機器を対象にするとのこと。このような分野に対して日立側（半導体と家電部門）との戦略的な協力関係を一層強めていきたいとの意思表示であった。

これに対し私からは、ＳＨマイコンへの新ＯＳの搭載は日立の半導体史上、画期的なことであり、ＭＳ社との共同でこれを無事完遂できたことは最大の喜びである。ＭＳ社のご支援に深く感謝していると返礼の言葉を述べた。さらに続けて、Ｗｉｎｄｏｗｓ ＣＥの搭載によって、ＳＨマイコンはノマディック時代の最強のプロセッサになりうる。この分野における世界のスタンダードへと向かう足がかりが出来たことになり、これまで以上に深い関係を築いてゆきたい旨の希望を伝えた。このような思いをプロジェクト・メンバーの全員が共有していたのである。

このミーティングの最後に、ＭＳから思いもよらないプレゼントをいただいた。Ｗｉｎｄｏｗ

図６－９　Windows プロジェクトの打ち上げ（96 年 11 月）

MS 社から贈呈された記念品

sＣＥを搭載したＨＰＣのモデルである。図６－９には全員の記念写真とともに、ＨＰＣのモデルが示されている。

コムデックスにおいて、マイクロソフトのＷｉｎｄｏｗｓＣＥを搭載したＳＨマイコンがＭＩＰＳやＸ86など他のＭＰＵを圧倒したことによって、その知名度は世界的に高まった。ハンドヘルド・コンピュータのみならず、携帯情報端末、カーナビ、ＤＶＤやゲーム機などあらゆる分野へのデザイン・インが国内外で広がっていったのである。ＳＨマイコンの開発当初からの夢でもあった「ノマディック時代におけるメイン・エンジン」という位置付けが確立され、大きく広がっていった。

思い起こせば我々の「マイコン独立戦争」が始まったのは、一九八六年一二月一日。この日に厳寒のシカゴにおいて、モトローラと日立のトップによる会談が行われたが決裂となり、協力関係は解消されたのがきっかけであった。

日立のマイコン陣は独自アーキテクチャの確立を目指して必死に戦い、ここに至るまでに数々の戦果をあげてきた。さらにコムデックスにおいてはＳＨマイコンが圧勝の形となって、グローバルな地歩を固め、将来への大きな展望が開けた。これはまさに一〇年間の長きに及んだ「マイコン独立戦争」の総仕上げとも言うべき感動であった。

４　リベンジのＦ－ＺＴＡＴマイコン

Ｆ《エフ》－ＺＴＡＴ《ジータット》マイコンは先に述べたＺＴＡＴマイコンに続く新たなブレイクスルーである。日立独自のアーキテクチャをベースにした製品で、悲運に終わったＺＴＡＴマイコンのリベンジ版でもあり、「マイコン大作戦」の重要な一環である。

マイコンのＲＯＭ部に搭載したのは、ＺＴＡＴマイコンではＯＴＰ（ワンタイム・プログラマブル）メモリであったが、これがフラッシュメモリに変わり、ユーザー側では何回でも書き換えが可能となる。たとえば、すでに出荷済みの製品であってもフィールドでの書き換えができるので、その利便性ははるかに高くなった。「Ｆ」は「フラッシュ」の意味であるが、「フレキシブル」の意味でもあり、さらにフィールド・プログラマブルの「Ｆ」にも通じている。

フラッシュメモリに関する最初の学会論文は一九八四年のＩＥＤＭ（国際電子デバイス会議）において、当時東芝の舛岡富士雄氏が発表した。それまで不揮発性メモリの代表であったＥＰＲＯＭは消去するのに紫外線を用いなければならなかったが、フラッシュメモリでは電気的に一括で消去することが可能となり、その有用性が格段に高まったのである。当初はメモリ単体としての製品化が先行し、九〇年頃になるとメガビット・クラスのメモリもできるようになった。

そのような状況で日立ではフラッシュメモリをマイコンに搭載する検討が進められた。
この前の世代のＺＴＡＴマイコンは主としてモトローラ・アーキテクチャをベースにしたマイコンに適用されたのであるが、先方との関係が行き詰まり、心ならずも「ワインドダウン」を強いられ「悲運のマイコン」として収束していった。そのような意味で、Ｆ－ＺＴＡＴの製品化はＺＴＡＴのリベンジでもあったのだ。

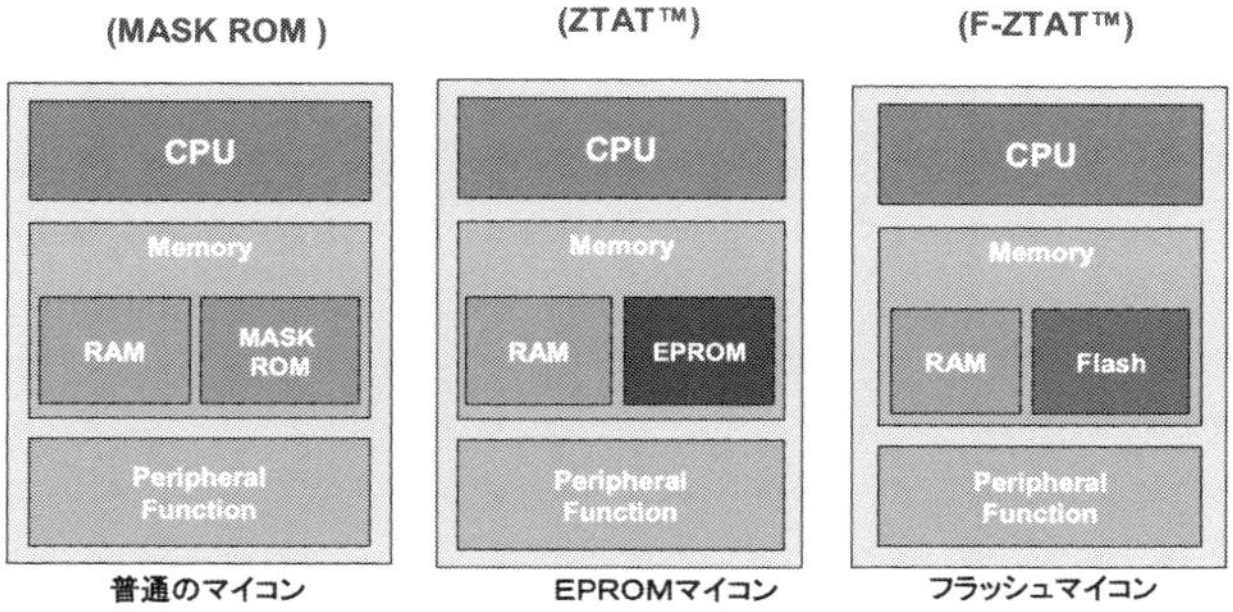

図6－10　マイコン（MCU）のROM部の変遷

　マイコン（ＭＣＵ）は図６－10に示すように、演算部（ＣＰＵ）、メモリ部（ＲＡＭとＲＯＭ）および周辺回路などから構成されている。ユーザー・プログラムが内蔵されているのはＲＯＭ部であるが、その内容をいかに容易に、早く書き換えることができるかが製品の魅力となる。

　図はマスクＲＯＭからＯＴＰＲＯＭ（ＺＴＡＴ）へ、そしてフラッシュメモリ（Ｆ－ＺＴＡＴ）へと至るＲＯＭ部の変遷の様子を示したものである。

　日立でのフラッシュ内蔵マイコンの開発はマイコン設計部が中心になって進められ、トップ・バッターの製品は図６－11に示すＨ８－５３８Ｆで、その市場導入は一九九三年七月である。製品についての技術的な詳細は『日立評論』一九九四年七月号

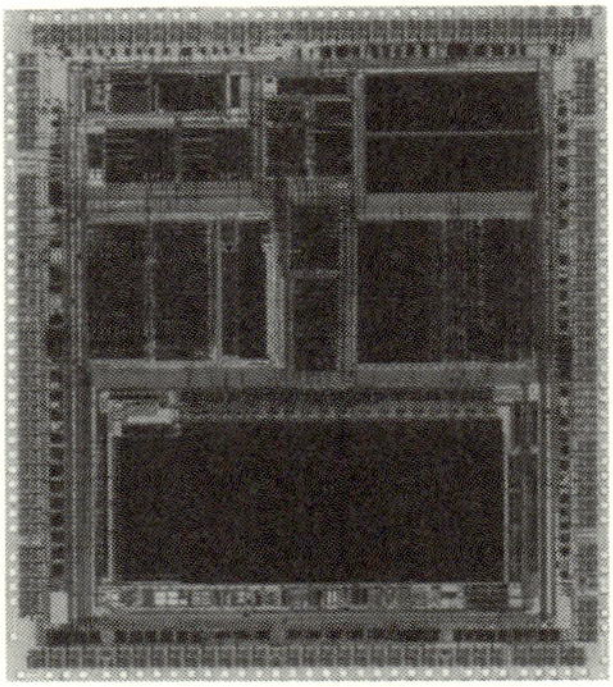

図6－11　F－ZTATマイコン第1弾H8－538F（1993年）
（0.8 μ CMOSプロセス、RAM2KB、ROM60KB、16MHz）

に「フラッシュメモリ内臓F－ZTATマイクロコンピュータ」と題する論文によって報告されている。この論文の著者として名を連ねているのは向井浩文、松原清、上村美幸、伊藤高志の各氏であるが、前の世代のZTATの開発メンバーであった石橋謙一、土屋文雄、佐藤恒夫、品川裕の各氏はそれまでのノウハウを提供して開発に協力した。

　フラッシュマイコンの量産化においては次の三点が大きな技術課題であった。

(1)コスト競争力を高めるためのメモリ・セル構造の工夫と高い歩留技術
(2)読み出し・書き込みの回数（書き換え回数）
(3)データリテンション（書き込んだデータが消えないようにすること）

　これらの技術課題を克服するために、マイコン設計部を中心にしてメモリ設計部のフラッシュメモリ部隊、プロセス技術部門、製造技術部門、検査部門などの技術者が一丸となって取り組み、世界に先駆けての量産化を達成することができたのである。

　一方、強力に市場開拓を推進する手段の一つとして、正式な「商標登録」を行うことにし、広報部隊が中心になってその作業を進めた。ＯＴＰ版の商標がＺＴＡＴ（Zero Turn Around Time）だったので、この発展形としてＦ－ＺＴＡＴとしたのである。九三年中に出願し、当局との協議も大きな問題はなく九六年には正式な登録が完了した。

Ｆ－ＺＴＡＴマイコンはこれまでにカバーすることの出来なかったさまざまな新市場の開拓に成功した。たとえば次のような市場分野である。

(1)テストマーケット用の少量生産製品
(2)業界の標準化が完全には決まらない段階での製品（通信や家電など）
(3)市場に出荷された後でプログラム変更が起こりうる分野（自動車のエンジン制御など）
(4)ＲＯＭ変更が頻繁に起こりうる製品（家電など）
(5)定期的なキャリブレーションが必要な分野（計測・制御機器など）
(6)仕向け先別の製品の差異化（地域別あるいは顧客別など）

カバーする市場分野が広がるにつれ、各種の製品開発の要求が飛び込んでくる。日立ではそれらのニーズに応えるため、製品系列を大幅に拡充することに取り組んだ。８ビットマイコン系列（Ｈ８－３００、３００Ｌ）や16ビットマイコン系列（Ｈ８－３００Ｈおよび５００）に加えて32ビットマイコンのＳＨマイコンなどへも展開してラインアップの充実を図った。

九八年時点における品種数は三三に及び、カバーする市場分野も産業・ＯＡ機器から民生機器、情報機器、自動車分野などにも広がっていった。

私にとってF－ZTATマイコンの製品化は格別の意味合いを持っていた。それはまさに「牧本ウェーブ」の予測の線上にあったからである（「牧本ウェーブ」については第8章第2節参照）。

このウェーブにおいて予測されたことは、八七年から九七年の一〇年間は「ASICが主導するカスタム化の時代」であるが、九七年から二〇〇七年の一〇年間は「フィールド・プログラマブル・デバイスが主導する標準化の時代」がやってくると予測していたのである。したがって、私の胸の中では「F－ZTATはプログラマブル・デバイスの先行実例として、絶対に成功させねばならない」といった気持ちと同時に、ウェーブの予測をベースにして「F－ZTATは必ず成功するはずだ」との信念のようなものが混在していた。

図6－12は、日立におけるF－ZTATマイコンの年間出荷量の推移であるが、九五年に一〇万個だったものが九六年には四〇〇万個、九七年には一桁上の四〇〇〇万個近くまで急増、二〇〇〇年には1億個のレベルに達した。驚異的な速さで市場に受け入れられたのである。最大の要因は製品の特長が市場ニーズにマッチしていたことであるが、加えて拡販プロモーションの大作戦、MGO（マイコン・グランド・オペレーション）が大きな役割を果たした。この点については後述する。

九〇年代後半に向けてF－ZTATマイコンが実際に急速な立ち上がりとなったことは、前述の「牧本ウェーブ」の予測と完全に符合しており、予測が正鵠を射たことの一つの検証事例ともなった。ちょうど同じころにFPGA（フィールド・プログラマブル・ゲートアレイ）も立ち上がりの時期を迎えており、まさに「フィールド・プログラマブル時代の到来」を告げる形になったのである。

このような状況の中で、九〇年代後半から二〇〇〇年代にかけて「牧本ウェーブ」についての関心が急速に高まり、各種の業界会合や学会から講演の招待をいただく機会が多くなった。また、この傾向は半導体分野のみにとどまらず、コンピュータ分野においても強い関心の的となった。そのような事情を背景として、中国北京における政府主催のコンピュータ学会（Computer Innovation 6016）、米国タンパにおけるスーパーコンピュータ学会（ＳＣ２００６）、ドイツのドレスデンにおけるスーパーコンピュータ学会（ＩＳＣ２００７）などの主要学会からも、予期しない講演の招待をいただいたのであった。

また、通信分野では横須賀における「リコンフィギュラブル無線」の会合（ＷＴＰ２００８）において講演の招待をいただいた。いかなる産業分野においても「どうすれば顧客満足が得られるか？」が事業の基本であり、その手段としての「標準品（汎用品）か？ カスタム品（専用品）か？」の選択は永遠の課題であると思われる。

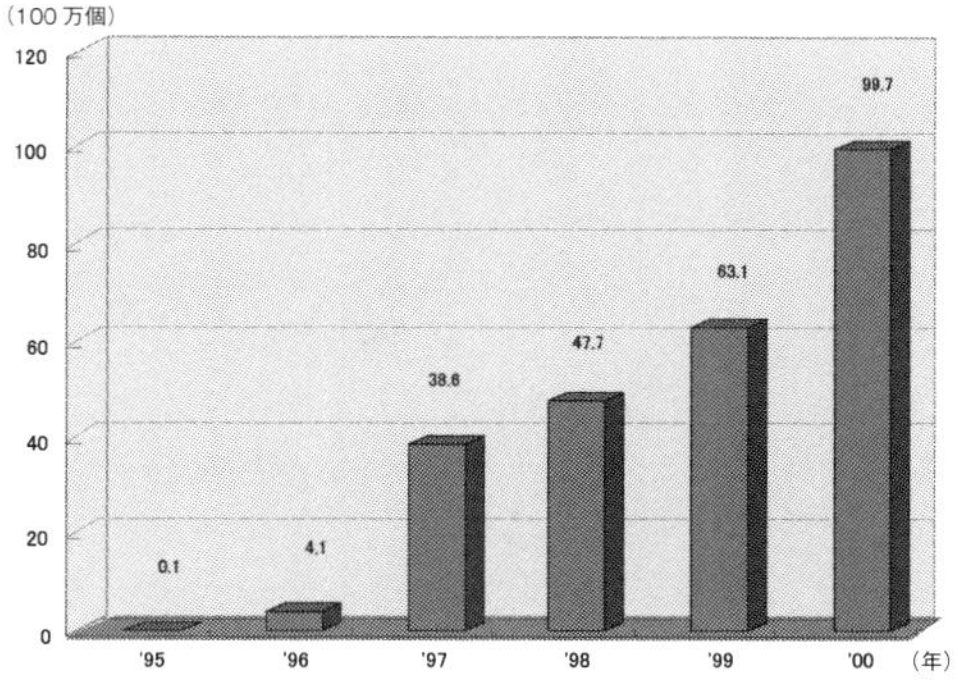

図６－12　フラッシュマイコンの出荷量推移（日立）

5　マイコン・カーラリー（MCR）

さて、F－ZTATマイコンの持つフレキシビリティのおかげで、これまでは不可能と思われていたことが可能になってくる。学校教育の分野においても新しい可能性が開けたのである。私はかねがね米国などに比べてわが国の半導体教育は、はるかに遅れていると考えていた。半導体を教えるためには、高いコストが必要であり、これまで良い解決法がなかったのもその一因である。

そのような思いを巡らせていたころ、北海道の工業高校の先生方から思わぬ提案が寄せられた。「F－ZTATマイコンを使って、マイコン・カーラリー（MCR）をやりたい」との提案である。このイベントは日立・北海道支社のマイコン技術者、寺下晴一氏が考案して工業高校側に提案したのがきっかけである。その提案を受けて札幌琴似工業高校の石村光政教諭、札幌国際情報高校の笹川政久教諭が中心になり、その実現に向けて熱心な活動が始まった。両教諭の情熱と献身的な努力がMCRの実現につながったのである。

この提案を日立の応用技術部門トップの御法川和夫氏から聞いた時の私の気持ちは「これは素晴らしい！」という一語に尽きる。少なからぬコスト（一〇〇〇万円レベル）を要するものの、全面的に支援することを約束した。日本の半導体の強化のためには遠回りのようではあるが、高校生の時代から半導体についての実体験が必要だと考えたからである。Ｆ－ＺＴＡＴ版のＨ８マイコンを全国のカーラリーの参加者に無償で提供することにし、さらに指導員を含めたスタッフについても日立側でサポートすることにした。

第一回のカーラリーは一九九六年一月一三日、厳寒の札幌において開催された。図６－13はこのときの開会式での挨拶の写真である。「将来的には冬の甲子園を目指してがんばれ！」と激励した。

図６－13　MCR での挨拶（1996 年 1 月 13 日）

このイベントは大きな成功を収め、回を重ねるごとに参加校が増えた。第三回大会からは全国大会の位置付けとなり、北は北海道から南は沖縄に至る工業高校生が参加するイベントに発展した。ちなみに、九六年の第一回に参加したマイコンカー（高校生の部）は九九台であった。その数は年とともに増え続け、九七年には一五九台、九八年には二〇二台、九九年には三五二台、二〇〇〇年には九七四台となる。そして二〇〇一年にはついに大台を超えて一四一三台に達した。

第五回大会（二〇〇〇年）において、私は図らずもＭＣＲへの貢献者の一人として表彰をいただいた。表彰状には「マイコン・カーラリー大会の設立並びにその充実発展に尽くされた功績を称え表彰します」となっている。

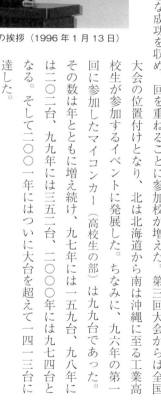

時は過ぎて二〇〇七年、ＭＣＲの一二周年を記念して笹川政久教諭編纂の本が出版された。タイトルは『なまらすごい！　ジャパン・マイコンカーラリーの12年』である。この本にはＭＣＲの始まりから当時に至る発展の経過がいろいろな執筆者によって書かれており、多くの感動の物語が集められている。一読をお奨めしたい一冊である。

私は「あとがき」の執筆を依頼されたが、その中から主要部分を適宜抜粋して、思いを伝えることにしたい。

「ＭＣＲのルールは極めて単純である。すなわち「決められたコースを脱輪することなく最短時間で走る」ことである。ここで、脱輪をさけようとすれば、スピードは遅くなり（ローリスク・ローリターンの場合）、逆にスピード上げようとすれば、脱輪の確率も高くなる（ハイリスク・ハイリターンの場合）。このような選択を迫られることは人生のいろいろな局面において遭遇することであり、人間が生きていく上で避けられないことである。リスクを最小限に抑えて高い目標に挑戦するということは人生の縮図でもある。この点にこそマイコン・カーラリーの魅力があり、技術面での奥深さがある。これこそまさに「生きた教育」であるといえよう。

このイベントが成功した技術的要因の一つは、マイコンの技術革新を極めてタイムリーに教育に取り入れたことである。日立が九三年に市場導入したＦ－ＺＴＡＴマイコンは、九五年にはすでに量産のレベルに達していた。

その最大の特徴は「いつでも、どこでもプログラム修正が可能」という点にある。大会の本番においてもコースに出る直前までプログラムの修正を行う光景を見かけるが、それを可能にしているのはF−ZTAT技術である。世界の先頭を切って製品化された技術が、MCRを通じて高校生の教育現場で役に立っていることは極めて意義深いものがある。

生徒諸君が「先端技術は面白い」ということを、身をもって感じてもらえることは企業人にとっても大きな喜びである」。

日立が先導したF−ZTATマイコンはフィールド・プログラマブル・マイコンの代名詞となって大躍進を遂げ、今ではマイコンの主流として位置付けられている。思えば最初のフィールド・プログラマブル・マイコンとしてZTATマイコンを市場導入したのは八〇年代の半ばであった。ZTATの将来性について、当時いろいろな機会に使っていたフレーズを忘れることはできない。"Someday, all micros will be made this way, ZTAT."(いずれ、すべてのマイコンはZTATのように作られるだろう)。

最初に導入したZTATからF−ZTATに変わったものの、フィールド・プログラマブル・マイコンが主流の位置を占めるという"Someday"が、遂にやってきたのだと思うと、感慨深いものがある。

6　MGO——マイコン・グランド・オペレーション

MGOは日立のオリジナル・マイコン(H8マイコンやSHマイコン)の拡販のための生販一体

作戦の呼称であり「マイコン大作戦」の総仕上げとなる戦略である。

最初のオリジナル路線として開発したH８マイコンに関するモトローラとの特許問題の係争は、一九九〇年にすべてクリアされた。世界市場で戦える製品系列が整備されたのを契機として、マイコン拡販のための大きなプロジェクトを起こそうという機運が設計開発部門、マーケティング部門、販売部門の間でかもし出されてきた。これを機会に、従来とは異なる方法で拡販プロモーションを行うべく、始まったプロジェクトがMGO（マイコン・グランド・オペレーション）であり、私が命名したものである。従来の拡販活動では「×××拡販プロジェクト」と呼ぶのが普通であったが、敢えて「オペレーション」という言葉を使ったのは「こんどのプロジェクトは今までとは違うのだ！」という決意を表すためであった。

実はこのプロジェクトのヒントになった事例がある。それは七〇年代後半にインテルで行われた「オペレーション・クラッシュ（粉砕作戦）」である。私が八七年に高崎工場長として赴任して間もなく、米国の知人からウィリアム・ダビドウ著『マーケティング・ハイテクノロジー』が贈られてきた。この本では七〇年代後半にインテルとモトローラの間で繰り広げられた16ビット・マイコンの激しい市場争奪戦において、インテルがいかにして勝利したかについて具体的に記されていた。

当時、16ビット・マイコンとしてはインテルの８０８６が先行して市場導入され圧倒的にリードしていた。ところが後発のモトローラが、性能的に優れた６８０００で大攻勢をかけてきたのである。インテルの販売部隊は恐慌をきたし、勝ち目がないと見て士気も低下していった。このような事態を打開すべく立ち上げたのが「オペレーション・クラッシュ」であり、その作戦を取り仕切ったのがウィリアム・ダビドウ氏である。

ダビドウ氏は「デバイス」と「プロダクト」の違いを鮮明に区別した。「デバイス」とは顧客サポートの仕組みが整っていない裸の製品のことであり、処理速度、消費電力、メモリ容量など、チップのハードウエア特性が中心になる。その点では先行の８０８６は後発の６８０００にはかなわない。一方「プロダクト」は顧客側での使いやすさまで含めた製品全体の特性のことであり、たとえばサポート・ドキュメント、レファレンスボード、ソフトウエア、セミナー、供給体制などの総合的な顧客サポートが重要になる。ダビドウ氏は「デバイスで負けたとしても、プロダクトで勝つのだ！」という強い意志でオペレーション全体を指揮したのであった。これによってインテル陣営の士気は徐々に回復し、競争は優位性を取り戻したというストーリーである。

そのような両者の熾烈な競争の勝敗を分けたのが八一年のＩＢＭにおけるデザイン・インであった。インテル８０８６の姉妹製品の８０８８がＩＢＭ ＰＣにデザイン・インされたのである。これは新しいコンピュータの時代を拓く画期的な商品となって、その後インテルが世界トップの座を固めるのに大きな役割を果たした。

ＭＧＯがスタートしたのは一九九一年二月である。その最大の狙いは設計開発部門と生産部門、営業部門、そして最終顧客とのコミュニケーション・ラインを直結することである。半導体事業においては、技術も製品も市場も顧客も変化のスピードが極めて速い。従って一つの部門で起こった変化をなるべく早く、正確に他の部門に伝え、全体が情報を共有することが重要である。そのような任務をこなすためにはプロジェクト・メンバーに高い技術的な水準が求められる。

設計部門を中心に優秀なマイコン技術者がこの大作戦のために動員された。第一期ＭＧＯ（九一年〜九三年）は一三名でスタートした。専任メンバーとなってリーダー役を果たしたのは阿部正義（支社担当）、川下智恵（国内担当）、堀田慎吉（海外担当）の三氏であり、当時の設計部門の主任技師である。また、技師クラスの専任メンバーとして活躍したのは越路《こえじ》誠一《せいいち》、竹島雅彦、増《ます》田《だ》訓《さとし》、山崎秀樹の各氏である。彼らはマイコンの技術や応用機器の真髄をしっかりと理解しており、文字通り「脂が乗った」若手の技術者達がこのオペレーションの先頭に立ったのだ。

ＭＧＯのスタートに当たって、前述の『マーケティング・ハイテクノロジー』をメンバー全員に配り、読むことを薦めた。当時日本語版は入手できなかったので、英文の原書を人数分取り寄せて各人に配った。この本はＭＧＯの活動を進めるにあたって、バイブルのような役割を果たしたのである。特に海外のマーケティングにおいては、本書から学ぶことが多かったとの報告を受けた。マイコンの売上が海外で大きく伸びることができたのは、この本のおかげだと述懐していた。

余談であるが、第一期の専任リーダーとなった川下氏は、後日米国において、この本の著者のウィリアム・ダビドウ氏と面会の機会があった。サインをお願いしたところ、快く引き受けてくれた。この本は今でも宝物として大事に保管しているとのことである。

第二期（九三年〜九五年）は約三〇名。専任リーダーは佐藤恒夫（国内、支社担当）と菅原正彦（海外担当）の両氏である。さらにメンバーとして佐賀《さが》直哲《なおあき》、武田博の両主任技師と山浦忠、中田邦彦の両技師が加わった。

第三期（九五年～九七年）は約八〇名と増強され、世界各地に広がる多くの顧客へのデザイン・ウイン活動が進められた。専任リーダーは芝崎信雄（支社担当）、川下智恵（国内担当）、菅原正彦（海外担当）の各氏である。また主任技師クラスとしては荻田清、浦川澄夫、荒井保、岩下裕之、石井重雄、浅野道雄、藤永高正、松澤朝夫、邑楽《おうら》隆之《たかゆき》の各氏と多彩なメンバーであり、技師クラスとしては武智賢治、土屋博一、田中欣也、山本克己、高松和也、三ツ石直幹ら各氏が加わって、極めて強力な組織となった。

ＭＧＯのメンバーは勤務場所を販売部門と同じ場所に移し、営業の海保隆《かいほたかし》副本部長が販売部門を取りまとめて、文字通り「生販一体」のプロジェクト体制となった。プロジェクトの進捗状況は私が主催する定例のＦ会議（本部長、副工場長以上の会議）において、技術本部長の安田元《やすだはじめ》氏から報告があった。そのための資料作成などには、パソコン（アップルのＭａｃ）が使われ、当時としては先端的な手法であったが、それでもなお一枚のコピーを作るのに三〇分を要するほどであった。

推進対象の製品は第一期ではＨ８マイコンが中心だ。これは日立のオリジナル・マイコンとして最初の重点製品であり、モトローラとの特許係争の終結を受け、晴れて拡販に打って出たものである。ＶＴＲやテレビ、オーディオなどの民生分野、複写機、プリンタ、ファックス、パソコンなどの事務機分野、さらにはカメラなど幅広い市場への拡販が進んだ。

第二期以降ではＳＨマイコンが加わった。性能の面では世界的にも最高レベルの製品であり、特に「ＭＩＰＳ／Ｗ（ミップス・パー・ワット）」の数値は群を抜いており、最大のセールス・ポイントであった。ＳＨマイコンは、世界をリードしたカシオのデジタル・カメラ、セガのゲーム機、ローランドの電子楽器、ヤマハの電子ピアノなどの他、カーナビ企業のザナビーやアイシンAWでも採用され、「デジタル・コンシューマ」と称する新しい応用分野を切り拓く推進役となったのだ。

また、九三年にはH8マイコンのF－ZTAT版（フラッシュメモリ搭載版）も市場導入され、世界最初の「フィールド・プログラマブル・マイコン」としてデザイン・イン活動が幅広く進められた。F－ZTATの強みはどんな少量生産の機器にも対応できることであり、システム設計者にとってマイコンを極めて身近なものにしたのである。その象徴的な事例が前述のマイコン・カーラリーであった。

そして第三期になると、マイクロソフトの民生分野向け新OSのWindows CEがSHマイコンに搭載され、SHマイコンは世界の標準品の一角を占めるようになったのだ。

さて、この「オペレーション」は私が自らコミットしたプロジェクトでもあるため、営業部門やMGOメンバーから要求があれば、極力時間の工面をして顧客へ直接出向き、トップセールスの形で活動を支援した。当然のことながら、トップセールスが効を奏するには販売部隊（特約店、営業部門、マーケティング部門、MGOメンバーなど）の日ごろの地道な営業活動がベースとなる。私の役割は顧客に対して「日立半導体のトップとして、マイコンに深くコミットしている」ことを明確に伝えるとともに、製品や市場の将来動向について「自分の言葉で」そのビジョンを語ることである。これは極めて大事なことであり、それによって、顧客サイドにおいては製品に対する信頼感と安心感が得られるのだと思う。

実は、マイコンなどアーキテクチャが絡んでいる製品の場合には「トップのコミットが極めて重要である」ということはウィリアム・ダビドウ氏の『マーケティング・ハイテクノロジー』の中でも明記されている。おそらくこれはインテル創業者のロバート・ノイス氏のことを指しているのだと推察する。同氏が顧客訪問をしたときにどのような話をするかについては、いろいろと噂を聞くことがあった。多くの顧客は彼の話を聞いた後で「ノイス信者」のようになるとのことである。ノイスは技術的にもＩＣの発明など優れた業績を残しているが、販売の面においても「世界トップの半導体セールスマン」であったといえるのではないかと思う。

ここでＭＧＯの活動によってマイコンの売上がどのように伸びていったかを見てみよう。ＭＧＯ開始前、九一年のマイコン売上は月額四五億円であり、大半がモトローラ系の旧製品（68系や63系）が占めていた。新製品（Ｈ８系など）は五億円であり、全体の一一％に過ぎなかった。ＭＧＯ活動を通じて新製品は倍々ゲームで伸びてゆき、九二年には月額一〇億円（全体の二〇％）、九三年には二〇億円（同三六％）、九四年にはマイコン全体の売上が八〇億円であったが、新製品売上は四五億円に達し、全体の五六％を占めるに至ったのである。この時点でついに新製品のＨ８マイコンとＳＨマイコンが旧製品を凌いで主役の地位についたのであった。

ＭＧＯの第一期から第三期が行われた期間（九一年〜九七年）は日立半導体の激動期に当たっている。九五年までメモリが大躍進して業績を牽引したが、九六年以降は大不況に陥ってその勢いは失われた。メモリに変わって、マイコンが半導体の新しい大黒柱となり劇的な主役交代が行われた時期である。

九三年下期におけるマイコンとメモリの比率はメモリの一に対してマイコンは〇・四二であり、メモリの半分にも及ばなかった。しかし九七年下期ではメモリの一に対してマイコンは一・二五となり初めての主役交代となった。この時点においてマイコンは文字通り、日立半導体を支える大黒柱になったのである。

このような目覚ましい成果を支えるのに大きな力になったのがMGO活動であり、その名は次第に国内の同業他社の間でも広がっていった。あるとき、MGOメンバーとの酒宴の席で聞いたことであるが、国内のライバル会社がMGOについて次のような噂をしているとのことである。「日立の半導体で怖いのはSHマイコンだ。それよりも怖いのはMGOだ。さらにもっと怖いのは牧本さんのトップセールスだ」。

これには多分にお世辞も入っているのであろうが、私が日立半導体のトップとしてH8マイコンやSHマイコン、F－ZTATマイコンに強くコミットしていることが顧客に伝わり、安心感を与えたこともまた確かであろう。しかし、言うまでもなくMGOの名を轟かせたのは、この活動に情熱的に且つ献身的に取り組んだ若いマイコン技術者や営業マンたちである。まことにアッパレ！　というべきであろう。

台湾　エイサー社

私がトップセールスの一環として顧客を訪問した事例は枚挙に暇がないが、その中で特に印象に残るいくつかの事例を紹介したい（五十音順）。

同社はスタン・シー氏によって一九七六年に設立され急成長を果たした企業で、いわば「台湾ドリーム」の象徴のような企業である。

Ｗｉｎｄｏｗｓ ＣＥがＳＨ－３に搭載され、ＨＰＣが各社から発表された頃から、日立台湾支社長のＳ・Ｈ・チェン氏を通じて、同社トップのスタン・シー氏とは時折コンタクトを持つようになった。九七年四月に訪問したときに、同社のＨＰＣ（ハンドヘルドＰＣ）にＳＨ－３の採用を決めたということが告げられた。

図６－14　エイサー（台湾）における日立セミナー（97年７月２日）
（中央がスタン・シー会長、その右筆者）

同氏はハイテク分野における半導体技術革新のインパクトを強く意識しており、ごく自然に意気投合するようになった。そして同社の技術陣に対して半導体全般についてのセミナーを開いてほしいとの要望をいただいたのである。

日立では三カ月の間に万全の準備を整え、九七年七月二日に「Hitachi Seminar for Acer」の開催にこぎつけたのであった。私は数名の技術分野の幹部を伴って参加し、冒頭で半導体の最新動向についてスピーチした。続いて同行の専門家からマイコンのみならず日立の重要な半導体製品・技術について詳細な話が行われた。先方からは大勢の技術者が参加し、質疑応答も活発であった（図６－14）。その日の夜は技術者交流のパーティが開かれ、翌日は希望者による懇親ゴルフも行われた。先方の担当者と日立のＳ・Ｈ・チェン氏によるきめ細かいアレンジによって、技術陣同士の強い絆が出来上がったのであった。

図６－15　カシオ製の WindowsCE 搭載 HPC カシオペア（1996 年）

カシオ

同社の技術センターが羽村《はむら》市にあり、小平市にある日立の武蔵工場とは地理的に近い関係で、ＬＳＩ以前のころから日立の営業部隊がコンタクトを持っていた。ＬＳＩについては数々の共同開発を行ったが、中でも最大のインパクトがあったのは七一年に発売の六桁電卓、カシオミニである。テレビでは「答え一発！カシオミニ」のコマーシャルで大ヒット商品となった。

樫尾和雄社長、樫尾幸雄副社長、香西敏男《こうざいとしお》専務、前野重喜専務、志村則彰専務、羽方将之《はかたまさゆき》常務など幹部クラスとは定期・非定期の会合や懇親の機会があり、マイコンの時代になるとますますその関係は強くなっていった。

特筆すべきは世界を先導したデジカメ（ＱＶ－10）にＳＨ－１がデザイン・インされ、新しいデジカメ時代の先駆となったことである。当時はＷｉｎｄｏｗｓ95が導入された年であり、ＱＶ－10はパソコンへの簡易なインプット・デバイスとして、予期せぬ大ヒットとなったのである。

さらにＷｉｎｄｏｗｓ ＣＥのＳＨマイコンへの搭載に当たってはカシオが大きな役割を果たした。マイクロソフトのコンシューマ向けＯＳの開発にあたって、カシオは早くからＭＳ社とつながりを持っており、そのＯＳを搭載するマイコンとしてＳＨマイコンを推奨してくれたのである。九六年のコムデックスにおいてはＳＨ－３を搭載した同社のＨＰＣカシオペア（図６－15）が出品され注目を集めた。

樫尾兄弟は揃ってゴルフの愛好家であり、上手であったことから、カシオの社内ではゴルフが大変盛んである。日立の半導体グループとも定期・不定期のゴルフの機会が多く持たれた。九七年五月に行われた懇親ゴルフでは、先方から樫尾和雄社長、樫尾幸雄副社長他のメンバーが参加、日立からは私の他に高嶋正明営業本部長、野《の》宮紘靖《みやこうせい》事業部長などが参加し、総勢二〇名強のコンペであった。

セイコーエプソン

すでに述べたことであるが、私が同社とのつながりを持ったきっかけは高速ＣＭＯＳマイコンの第一弾、６３０１Ｖがハンドヘルド・コンピュータＨＣ－20に採用され、これが大ヒットしたことである。このプロジェクトのリーダーは私の高校時代の後輩、中村紘一取締役であったが、日立のＣＭＯＳ路線に早くから共感していた。マイコンのみならず、ＳＲＡＭやマスクＲＯＭなども含めたオールＣＭＯＳマイコンのシステムとして、世界に先駆けるポータブル・コンピュータの製品化をなしとげたのであった。そして、ＨＣ－20の大ヒットは日立のＣＭＯＳマイコンが飛躍的な成長を遂げるきっかけともなったのである。

ＳＨマイコンの採用については安川英昭社長自らの英断に負うところが大であった。九五年一一月の同氏との会談において、どのマイコンを採用するかは極めて大事な経営判断であり、ベンダーのポリシーを自らしっかり確認してきめるということを明言していた。その後しばらくして、ＳＨマイコンを採用することをきめ、さらにライセンス導入したいとの意向が伝えられた。双方で協議を重ねた上で、九七年九月の同氏との会談においてライセンス供与についての最終的な合意となったのであった。

同社とは定期・非定期のミーティングや懇親ゴルフなどのイベントがあり、日立半導体の重要顧客として良好な関係が続けられた。

ソニー

同社は日本で初めてトランジスタ・ラジオを商品化し、トランジスタの大量ユーザーでもあったので、早い時期から営業関係が築かれていた。マイコンの時代になって、日立製品の採用をソニーの社内で積極的に推奨してくれたのは森尾稔副社長である。同氏はパスポートサイズの８ミリカメラの開発などで大きな実績があり、社内では「技術の総大将」といった趣がある。その意見は「鶴の一声」のごとく、大きな影響力を持っていたようである。

同氏とは以前からの知己があり、日立のＨ８マイコン、Ｆ－ＺＴＡＴマイコン、ＳＨマイコンなどについて、同社の技術陣に対し詳しくプレゼンする機会を作ってもらった。

九五年の時点でSHマイコンのデザイン・インはすでに二〇件を越えており、森尾氏はSHマイコンのライセンス導入を希望した。日立社内の意見を取りまとめて、ライセンス契約が締結されたのは九七年三月である。これが契機となって、森尾氏の肝いりでソニーのキーメンバーに対するSHマイコンの特別セミナーを開催、四一名の方が出席した。その後、ソニーでは新機種用のマイコンとして、次第にSH採用のケースが多くなった。

図6-16　ソニーと日立の懇親ゴルフ（97年5月）
（前列左から3人目森尾氏、その右筆者）

SHマイコンなどを通じてソニーとの関係が深まるにつれて、両社の幹部同士の懇親ゴルフが定期的に催されるようになった。森尾氏はゴルフの腕前も大変に高く、他の幹部もレベルが揃って上手である。また、ゴルフの後の会食のときには、談論風発、実に愉快なひと時をともにすることが多かった。図6-16は九七年五月のコンペのときの写真である。

森尾氏の上司に当たる出井伸之社長、大賀典雄会長ともその前後から縁ができた。出井社長とは九七年にキヤノンが主催したPGAツアー、ハワイアン・オープンのときにも一緒になり、親しく歓談の機会があった。このことが縁になって、二〇〇〇年のソニー移籍に際しては出井氏から直接、最初の声をかけてもらったのである。

さらに大賀会長とは九六年の日米半導体協定終結の交渉でともに仕事をする機会に恵まれた。同氏が日本電子機械工業会（ＥＩＡＪ）の会長を務めておられ、私がデバイス委員長を務めていたのが縁である。後日（二〇〇〇年一〇月）、私が日立からソニーに移籍してご挨拶に伺ったとき、同氏の部屋に入るや否や「おお、わが戦友！」と大きな声で歓迎してくれたのであった。これほど簡潔で、すばらしい歓迎の言葉を聞いたのは初めてのことである。

日立半導体を去る時

「マイコン大作戦」はマイコンを日立半導体の主力に育てる目的であったが、九七年下期にはメモリを抜いて日立半導体の主役となりその目的は達せられた。結果的にはこれが日立半導体における私の最後の仕事となった。

私が日立半導体のトップとして事業部長に着任したのは九二年であったが当時の売上高は五六〇〇億円であった。その後、市況にも恵まれて三年後の九五年には九六〇〇億円まで売上高を伸ばすことができた。この年に事業部長を後進に譲り、電子グループの長として半導体・電子デバイスの両事業部を管掌する立場へと昇格した。また当時の役職は常務取締役であったが、九七年には専務取締役へと昇格した。

この間を通じての大きな課題は事業の安定成長のために、メモリ中心であった製品構造をマイコン中心へとシフトすることであった。メモリは市況の変動が大きく、日米半導体協定の対象となって事業の自由度が失われていたからである。

対モトローラ裁判の解決に続いて、新型RISCマイコンやF－ZTATマイコンの開発・量産化、さらには拡販のためのMGOなどの活動によって、マイコンの売上は順調に伸長し、九七年下期には初めてメモリの売上を上回り、日立半導体の主力製品に育ったのである。

一方でメモリの方は、九六年に入った頃から需給バランスが崩れて価格の暴落が始まり、業績は日を追って悪化した。さらに九七年に入るとアジアの通貨危機が発生し、各国の経済は急速に悪化して、半導体不況は足掛け三年に及んだのである。

日立半導体の業績は二年連続の赤字となり、私はそれを管掌する責任者として九八年五月に専務から取締役へと二段階の降格となった。これに伴って所属も本社の研究開発部門に替わることになり、入社以来の居場所であった半導体部門を去ることになったのである（詳細は第7章第5節参照）。

第7章

日本半導体、なぜ敗退?

1　ピーク時五〇%に達した日本のシェア

先にも触れたように、日本における半導体の立ち上がりを牽引した分野は家電用電子製品である。一九五五年、ソニーが市場導入したトランジスタ・ラジオの大ヒットに触発されて日本の多くの電機メーカーがこの分野に参入し、「真空管からトランジスタ」への転換が進んだ。ラジオに続いて、六〇年にはソニーが世界初となるトランジスタ式白黒テレビを発売した。さらに電卓、電子時計、カラーテレビ、ウォークマン、VTRなどのヒット商品が市場導入され、日本は家電王国の地位を築いたのである。

これらの機器には多くの半導体製品が使われていた。日本の半導体企業にとっては国内に大口の顧客がいるので、いち早く半導体デバイスについてのニーズを摑んでそれに応え、日本国内におけるシェアは自ずと高くなっていった。

日本の躍進のもう一つの要因はＤＲＡＭ分野で世界のトップになったことである。ＤＲＡＭは汎用品であるから、市場は世界中に広がっている。この分野においては、１Ｋビットから４Ｋ、16Ｋビットまですべて米国企業がトップを占めていた。しかし、八一年になるとＤＲＡＭの最先端世代の64Ｋビットにおいて、初めて日本がトップになり、ＤＲＡＭ王国への端緒となった。各世代における立ち上がりのリード役を果たした企業は以下のようになっており、世代ごとにリーダーが激しく入れ替わったことがわかる（一部筆者推定）。

１Ｋビット／インテル、４Ｋビット／ＴＩ、16Ｋビット／モステック、64Ｋビット／日立、256Ｋビット／ＮＥＣ、１Ｍビット／東芝、４Ｍビット／日立、16Ｍビット／ＮＥＣ、64Ｍビット／サムスン。

日本は64Ｋビットから16Ｍビットの五世代を制したが、64Ｍビット以降はサムスンの独走状態となっている。

このようなことが背景となって、日本半導体企業は七〇年代から八〇年代にかけて半導体のシェアを伸ばし、八六年には遂に米国を抜いてトップになる。米国では危機感が広がり、この年に日米半導体協定が締結された。日本のシェアはその後も増えて、八八年にはピークの五〇％に達した。図７－１は「ピーク時の五〇％のシェア」を達成した背景を現在と比較する形でまとめたものである。

日本がなぜ五〇％もの高いシェアを達成できたのか、図７－１から以下のようなことが読み取れる。

(1)国内において家電品向けを中心に半導体需要が四〇%もあったこと
(2)日本半導体企業は国内市場の九〇%を制しており、これは世界市場の三六%に相当する。一方、海外市場の貢献分は一四%であり、国内指向が強かったことがわかる
(3)DRAMの世界シェアがピーク時に約八〇%もあり、この多くが海外市場(特に米国の大型コンピュータ向け)で得たシェアであった
(4)現在は国内需要が一〇%と低くなっており、海外需要が圧倒的に大きい。しかし、日本企業の海外におけるシェアは七%と振るわない

	88年	現在
国内需要	40%	………10%
海外需要	60%	………90%
日本企業の国内シェア	90%	………36%
日本企業の海外シェア	23%	……… 7%
日本企業の世界シェア	50%	………10%
(国内ポイント 40x90)	36P	………3.6P
(海外ポイント 60x23)	14P	………6.4P

●88年世界シェア50%の内訳は国内で36P、海外で14P
海外ポイントの大半はDRAM(ピーク時世界シェア約80%)
●現在は国内に半導体の需要が乏しく、海外においてはシェアが低い

図7-1 ピーク時シェア50%の背景(概数)

2 日米半導体協定のインパクト

一九八六年に締結された日米半導体協定においてターゲットとなったのは、国内市場における日本企業のシェア(九〇%)とDRAMの世界シェア(ピーク時八〇%強)が突出していたことである。前者については「日本市場は閉

鎖的だ」と批判され、後者についてはダンピング容疑がかけられた。

日米間のシェアが逆転した八六年に日米半導体協定が締結されたが、その経過については第3章第6節で述べたところである。

半導体協定は次の二つの条項が骨子となっていた。
(1)マーケットアクセス条項……日本市場における海外製品のシェア(当時一〇%弱)を二〇%に上げること
(2)ダンピング防止条項……DRAMのダンピング防止のため、日本企業は米国政府から指定される売価(FMV)以下での販売をしないこと(FMVはFair Market Valueの略)

半導体協定が締結されてから約半年後の八七年三月、日本にとって衝撃的な事態が起こった。「日本は協定で決まったことを守っていない。日本市場における海外製品のシェアは一向に上がっていないし、第三国でのダンピングも散見される」ということを理由に、米国は日本に対して通商法三〇一条に基づく制裁を行うと発表したのである。制裁の対象は半導体そのものではなく、パソコン、カラーTV、電動工具の三製品であり、これらに対し一〇〇%の報復関税を賦課するものであった。協定締結からわずか半年後の米政府による異常ともいえる制裁に、日本では大きな驚きと動揺が広がった。

この問題の解決を目指して、制裁の翌月には中曽根康弘総理が渡米してレーガン大統領とのトップ会談に臨んだ。二人はお互いに「ロン、ヤス」と呼び交わす仲だったので、日本の官民の間では大きな成果が得られるのではないかとの期待があった。会談の状況は次のように伝えられている。

総理は「自分が責任をもって半導体協定を順守するので、制裁を解除してほしい」との主旨で要求したが、米側の返事は冷たいものであった。「単なる約束のみでは解除はできない。解除するのは海外製品のシェアの改善の結果が出てからだ」として会談は物別れとなった。肝心のロン・ヤス関係も半導体摩擦の前には無力だったのである。

この突然の三〇一条発令とトップ会談の決裂とは日本政府と民間企業に対して米国の怒りの激しさを強く知らしめた。米国の制裁によって日本は官民ともに萎縮してしまったともいえる。それはまたトラウマのようになって長く続いたのだと思われる。

この後、日本では政府が先頭に立って海外製品を優先して使うことを一〇年に渡って奨励した。また、協定が終わった後になっても、国のトップが半導体振興のことで一般向けにメッセージを出すことは長くなかった（他国では普通のことであったが）。それが変わったのは、二〇二二年一二月である。岸田文雄総理がセミコン・ジャパンの会場に現れて「半導体は国の重要な戦略物資だ、大いに振興しよう」という趣旨のメッセージを送り、テレビを通じて全国に放送された。一九八七年のロン・ヤス会談から実に三五年も経過してからであった。

トップ会談の決裂後、通産省（当時）は協定を順守するために、民間企業に対する行政指導を一層強化していった。その一環として、海外製品のシェア拡大のために、次の三機関が設立された。また、半導体ユーザーに対しては「半導体は海外製品を買うべし」との行政指導を強化した。

(1)半導体国際交流センター（ＩＮＳＥＣ）：八七年三月設立
(2)外国系半導体ユーザー協議会（ＵＣＯＭ）：八八年五月設立
(3)外国系半導体商社協会（ＤＡＦＳ）：八八年一一月設立

この三機関は相互に連携を保ちながら海外製品の日本市場へのアクセス改善（すなわち海外製品のシェア向上）に努めた。後に九六年の協定終結交渉の時にわかったのであるが、米国ではＵＣＯＭの果たした役割を特に評価していた。この組織においては半導体ユーザー企業の購買担当役員が責任者となって、自社内における海外製品購入の陣頭指揮を執ったのである。

また通産省はダンピング防止の観点から、各企業におけるＤＲＡＭの生産活動に目を光らせていた。この点に関連して、当時最大のＤＲＡＭ生産企業であったＮＥＣの中沼尚《なかぬましょう》氏は次のようなエピソードを残している。「ＤＲＡＭの生産調整については、（通産省から）何日何枚のシリコンウエハーを投入して、何日何個出荷するのか報告せよとの指示があった。（中略）半導体の場合、各工程に歩留があり、日々変動するので何個の良品が出るかはわからない、と説明しても話が通じず、長時間の説明を余儀なくさせられた」（出典：日本半導体歴史館／開発ものがたり／ＮＥＣ社関連記事）。

半導体協定はどのようなインパクトをもたらしたのか。

海外製品のシェア拡大

「日本市場における海外製品シェアを二〇％にする」という「数値目標」は市場を動かす大きな力になった。協定開始の八六年において海外品シェアは八％程度であったが、五年後の九一年には約一八％となり、最終年の九六年には約二八％となった。一〇年で二〇％のシェアがシフトしたのである（出典：日本半導体歴史館／業界動向／一九九六年）。

このシフト分を金額に換算するとどうなるのか、概算してみよう。九一年の日本の市場規模は約二一B＄なので金額のシフト（一〇％）は二・一B＄（当時の為替で約二七〇〇億円）、九六年は市場規模三四B＄でシフト（二〇％）は六・八B＄（当時の為替で約六八〇〇億円）。前半・後半の各五年間の金額シフトを直線近似で算出すると、一〇年間の日本企業から海外企業への売上シフトの合計は約三兆円となる。一〇年間に渡って日本企業はこのようなボディーブローを受けたということになる。

当然ながら一〇年間のシェアのシフトがすべて半導体協定によるものとは限らない。自然増の分も含まれるからである。この二つは分離のしようがないが、九六年交渉時の米側の認識は次のようなものであった。「海外製品のシェア向上には政府によるシェアのモニターやＵＣＯＭなどのアクセス改善活動が大きな力になった。これらの活動の継続がなければ、シェアは元に戻ってしまう」との主張を最後まで続けたのである。このことからも協定の力がいかに大きかったかを読み取れる。

この条項によって恩恵を受けたのは既存の欧米企業はもとよりであるが、DRAMに参入したばかりの韓国メーカーにとってはまさに「漁夫の利」であった。DRAMは互換性の高い汎用品であり、日本のユーザーからは、海外製品比率向上の手段として歓迎されたのである。

ダンピング防止

この条項によって日本の各企業はFMVに基づいて売価の設定を行わなければならず、値付けの自由度は完全に失われた。このことが欧米や韓国のメーカーにとっては競争上、極めて有利に働いたことは言うまでもない。

図7－2は日米半導体協定のシェア・モニタリング（政府による四半期ごとのシェア調査）とFMV制度の両面からの締め付けで日本のDRAM事業がどのようなダメージを受けたかを示している。この図は日米協定締結の前後における国別のDRAMのシェアの推移であるが、仔細に見ると、協定の締結を境にして、各国のシェア・カーブには以下に述べるような「人為的な」変化が起こっていることが読み取れる。

この協定の効果が最も顕著に表れているのは米国のシェアの動きである。七五年には九〇％を上回る圧倒的なシェアであったが、日本の台頭によってほぼ直線的に低下し、協定の年には二〇％まで落ち込んでいた。しかし九六年の協定を境にしてシェアの低下はピタリと止まったのである。以後はほぼフラットなシェアをキープして米国のDRAMは復活に向かった。これによってマイクロンはよみがえり、現在は世界のトップ3に名を連ねている。これは米国の狙い通りのシナリオであり、協定の威力を最も鮮明に表している。

また韓国については協定の前年の八五年まで、シェアはほとんど無視できるほどであったが、協定の年から立ち上がり、その後は破竹の勢いで伸びていった。ＤＲＡＭ専業の韓国ではこの一点にリソースを集中し、デパート商法の日本に対抗して技術力でも次第に追い上げを図った。協定終了の九六年頃には先端製品の開発面でも日本に追いつき、日本の強みは失われてしまった。九八年にはＤＲＡＭでトップシェアを獲得し、その勢いは今日まで続いている。

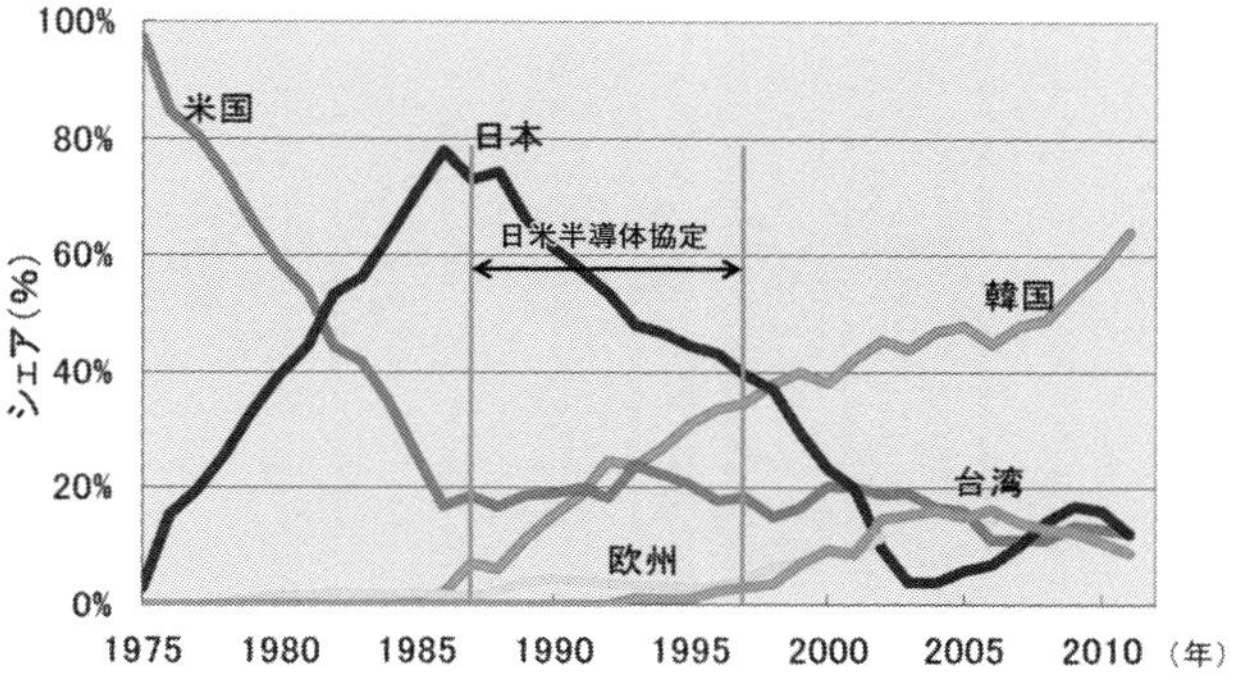

図７－２　半導体協定前後のＤＲＡＭのシェア

欧州のシェアは協定以前には無視できるほどであったが、協定を境にしてシェア・カーブは首を持ち上げ、次第に立ち上がった。

これらの動きに対して、日本のシェアは協定の前年にはほぼ八〇％であったが、協定の年を境にして急速に低落していった。協定終了の九六年には四〇％のシェアでかろうじてトップをキープしたが、韓国の追い上げは激しく、このころには技術面での優位性も失われてしまった。

その直後にやってきたメモリ不況でＤＲＡＭ事業は大きな打撃を受けたので、日本の総合電機各社はＤＲＡＭを嫌

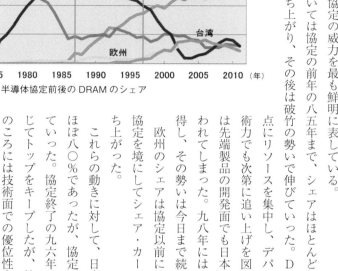

って、この事業を切り離すか撤退する方向に舵を切った。その最初の動きが日立とＮＥＣのＤＲＡＭ部門を統合した新会社エルピーダの誕生（九九年）であり、後に三菱のＤＲＡＭも合流した。その他のメーカーはＤＲＡＭ事業から撤退し、これらの過程で日本のＤＲＡＭシェアは激減した。二〇〇〇年初頭に四％まで落ち込んだ日本のシェアはその後エルピーダの健闘で〇九年には一六％まで盛り返したが、一二年には市況悪化の影響を受けて経営破綻し、ついに日本からＤＲＡＭメーカーが消えてしまったのである。

３　日立半導体のトップへ

ここで視点を私の一身上のことに移そう。話は少しさかのぼるが、私は日米半導体協定が始まった年（一九八六年）の二月に日立半導体の主力工場（武蔵工場）の工場長に昇格したことを先に述べた（第３章第６節参照）。メモリの大不況の中での就任であり、赤字経営からの脱出が期待されていた。しかし、一年たっても赤字から抜け出すことはできず、八七年二月に高崎市にある地方工場の工場長へと左遷になった。この工場の製品はバイポーラＩＣなど成熟製品が多く、時間の流れは穏やかであったので、充電の期間をいただくことになった。

高崎工場長として二年間を過ごした後、八九年に半導体事業部の体制に変更があり、新設された半導体設計開発センターの初代センター長に任命された。これまで工場内の組織になっていた設計部門、その他の開発部門をすべて統括することになったのである（詳細は第5章第5節参照）。

センター長として重点的に対応したことが二つあった。一つはメモリの最先端品、すなわち4メガビットＤＲＡＭで世界トップを取ること、二つ目はモトローラ裁判後のマイコン新製品を立ち上げ、事業の拡大につなげることである。

メモリは半導体協定の制裁対象であるため、韓国でも作れる旧世代のメモリでは競争力がなく、先端メモリに賭けるしか道はなかった。４メガビットＤＲＡＭの販売拡大のために九〇年二月に立ち上げた施策がＳＧＯ（サブミクロン・グランド・オペレーション）である。この時の技術レベルが〇・八ミクロンであり、初めてミクロン以下になったことからサブミクロンと名付けたのである。設計開発部門からこのデバイスを熟知するメンバーを選び、販売部門から選ばれたメンバーと合体してチームを作り、内外の販売会社や大口顧客を訪問して、４ＭＤＲＡＭについてプレゼンテーションを行った。このような施策が功を奏して売り上げは順調に伸び、九〇年の夏には月産一〇〇万個の大台を突破して勢いを増し、64ＫビットＤＲＡＭ以来二回目の世界トップとなったのである。

ＳＧＯの成功を踏まえて、九一年二月に立ち上げたマイコン関連の施策がＭＧＯ（マイコン・グランド・オペレーション）であるが、この件については第6章第6節で詳細を述べたところである。

半導体設計開発センター長に就任した後のＳＧＯ、ＭＧＯなどの施策はいずれも大きな成果を上げ、半導体事業拡大へ向けての基礎固めにつながった。

このような実績を背景として私は九一年に日立の取締役に任命され、続く九二年には半導体事業部長に昇格となった。入社以来さまざまな紆余曲折があったものの、初めて日立半導体のトップに立つこととなり、身の引き締まる思いであった。

この当時の課題は変動幅の大きいメモリ以外の製品の比率を高めながら事業全体の成長と収益性を高めることにあった。これまで収益管理の単位は工場単位（武蔵工場、高崎工場）となっていたが、製品構造が見やすくなるように「プロダクト本部制」に改変し、メモリ本部、マイコン・ASIC本部、汎用半導体本部の三本部で構成した。各本部には戦略企画グループを設置し、製品戦略を充実させることに努めた。

事業部長に就任した九二年度の売上高は五六〇〇億円であったが、市況にも恵まれ、新製品の売上効果も加わって業績は急速に伸長し、九五年度には九六〇〇億円に達した（この売上高は日立半導体の史上最高となっている）。また、この間の九三年には常務取締役に昇格となった。

九五年六月に半導体事業部長のポストを野宮紘靖氏に譲り、私は新設された電子グループ（半導体事業部と電子デバイス事業部）を管掌するグループ長となった。通常の事業運営は事業部長が担当し、私は主として対外関係（業界関係、顧客関係、提携関係など）に取り組むことに専念した。

正直のところ「ほっとした」というのがこの時の感想であった。私の友人の一人からは次のような慰めのコメントをもらった。「君はこれまで半導体の収益問題で何回も痛めつけられたが、もうこれからは赤字、黒字で責められることもないだろう」。

この昇格によってＥＩＡＪ（日本電子機械工業会）における日立代表メンバーとなり、ＥＩＡ

Ｊの電子デバイス委員長を務めることになった。このような経過を経て、九六年七月に行われた日米半導体協定の終結交渉において、日本半導体業界を代表して米国ＳＩＡと交渉することになったのである。

４　「七月三日」の交渉決着

日米半導体協定の終結交渉は一九九六年七月にバンクーバーで行われた。この交渉の一〇年前、一九八六年に締結された日米半導体協定に盛り込まれていた二つの条項、すなわち日本市場へのアクセス改善（海外製品のシェアを上げること）とダンピングの防止は九六年にはいずれもその目標が達成されていたので、協定を存続させる理由はなくなっていた。

日本側は「すべてのミッションは成し遂げられたので、速やかに協定を終わらせたい」というスタンスで交渉に臨んだ。一方、米国の見方は大きく異なっていた。「この協定によって日本市場は開かれたものとなり、ダンピングも起きていない、さらに日米間の摩擦は解消され、協力関係が築かれた。この協定のエッセンスをなるべく残したい」という意向を持っていたのだ。

交渉は政府間交渉と民間交渉とが並行して行われたが、民間交渉を先行させ、これを両政府が裏書きする形になっていた（注：政府間交渉については当時の主席交渉官・元通商産業審議官・坂本吉弘著『目を世界に 心を祖国に』を参照）。

図7－3　半導体終結交渉に臨む日本代表（左から東芝・大山昌伸氏、筆者、三菱電機・新村拓司氏、NEC・小野敏夫氏）

民間交渉の当事者は、日本のＥＩＡＪ（日本電子機械工業会）と米国のＳＩＡ（半導体工業会）である。私はＥＩＡＪの電子デバイス委員長として民間交渉団の団長を務めることになったが、これは自分の生涯の中で最も厳しく、最も難しい交渉であった。

交渉メンバーとして東芝の大山昌伸、三菱電機の新村拓司、ＮＥＣの小野敏夫の三氏が加わった（図7－3）。ＳＩＡ側はパット・ウェーバーＳＩＡ会長（ＴＩ）を中心にＬＳＩロジックのウィルフ・コリガン、モトローラのトミー・ジョージ、マイクロンのスティーブ・アップルトンの四氏で、いずれも業界の錚々たる論客であった。四人対四人でテーブルをはさむ形で交渉が行われた。

この案件は両国のトップにとっても重要な関心事であり、ビル・クリントン大統領と橋本龍太郎総理が深く関わっていた。両トップの間で「協定は七月末日までに終わらせる」という取り決めがすでになされていたのである。双方の交渉団にとって「七月末日」というタイムリミットは至上命令であったのだ。

バンクーバーにおける最終交渉に至るまでに、四回の事前交渉が行われていた。一回目が二月二三日、二回目が四月二四日、三回目が六月二四日に行われたが、ここまでは大賀典雄ＥＩＡＪ

会長（ソニー会長）が団長を務められた。しかし、七月二〇日の第四回会議を前にして予期せぬ出来事が起こった。

大賀会長が突然体調を崩して入院されたのである。私は大賀氏ご自身からの電話で入院を知らされ、さらには「これからの交渉において、自分は出ることができないので日本側の団長を務めてほしい」と依頼されたのである。まったく予期せぬ突然の出来事で火中の栗を拾う気持ちもあったが、日本半導体のためにできることは躊躇せず全力を尽くそう、との思いでこの大役をお引き受けすることにした。

七月二〇日の第四回の会議では最終回を月末に控え、これまでの争点を洗い出し、議論を尽くしたが、交渉は難航し双方にはなお厳しい隔たりが残されていることが浮き彫りになった。

いよいよ最終回、至上命令の「七月末日の決着」を目指して日米双方の交渉団が二八日までにバンクーバーに集結した。私は到着した日の夜に米国側団長のパット・ウェーバー氏と二人だけの話し合いを持った。そして「今回の交渉も難航が予想されるが、忍耐強く何とか決着させよう」ということを確認し、どんな困難があろうとも「ネバーギブアップ！　を合言葉にしよう」と誓い合った。

実は以前から同氏とは浅からぬ縁があった。日立とＴＩ社との協力関係の一環として設立したＤＲＡＭ製造の合弁会社（ツインスター）が稼働を開始したばかりであった。その合弁会社の設立に当たって両社を代表していたのが我々二人であったのだ。二社間の交渉であれば、すぐに解決できるような問題でも、お互いに日米双方の国益を背負っているため、これが問題の解決を著しく難しくしたのである。しかしこの「浅からぬ縁」のおかげで、お互いの信頼関係が築かれていたことが交渉妥結に大きな力になったことは否めない。

最終交渉は公式、非公式の形で二九日、三〇日、三一日と断続的に続けられた。交渉団の背後にはそれぞれの支援部隊が控えており、交渉の場での区切ごとに適宜ブレイクを取って支援部隊との戦略すり合わせが行われた。日本側にはＥＩＡＪとＵＣＯＭ（ユーザー協議会）の戦略部隊があり、米側にはＳＩＡの戦略部隊が控えていた。また政府側との意思の疎通も重要であり、交渉に何らかの変化が出るたびに相互に連絡を取って両者の認識にずれが出ないように細かく配慮した。日本の政府と民間は常に「ワンボイスで行こう！」ということを確認しながら交渉を進めたのである。

全体を通じて、表面上は静かな雰囲気での対話ではあったが、時には声を荒げる場面もあり、また進展のないことへのいら立ちから席を立ってしまうような事態もあった。断続的なミーティングを三日間続けた結果、少しずつの進展はあったものの三一日になっても完全な合意には至らず、ついにタイムリミットの深夜二四時が迫ってきた。

双方の交渉団の顔には焦りと疲労の色が浮かぶ。その時、一人の知恵者が「皆さん、ここで時計の針を止めよう」と提案した。「それは名案だ！」と、このウイットのきいたひと言に全員が力を得て交渉は再び加速したのである。

日米協定の終結交渉はなぜそれほどに難航したのか、という点について触れておきたい。まず何と言っても、日本と米国の基本的なスタンスがまったく違っていた。米国はこの協定がなくなると外国製品のシェアは下がって元に戻るのではないか、メモリのダンピングも再発するのではないか、といった懸念が非常に強く、それを防ぐために何らかの形での「政府の関与」が必要だと主張した。日本側は協定の当初の目標はすべてクリアされたので政府の関与は一切不要であり、「市場のメカニズムに任すべきだ」とのスタンスで、これは日本にとって絶対に譲れない一線であった。

最終的に政府関与はなくすことで合意したが、シェアの後戻りを懸念する米側の主張を入れて、UCOMの活動期限を三年間延長し九九年までとすることで合意した。一般には日米半導体協定は九六年に終了とされているが、厳密にいえば、アクセス改善の活動は九九年まで続いたのである。

もう一つの違いは、日本が提案した世界半導体会議（WSC：World Semiconductor Council）に対する考え方である。これは協定終結後の半導体業界の共通課題に対応するための新スキームとして日本が提案したものだ。日米両国だけでなく、欧州と韓国も加えて四極体制で翌年からスタートしようとする案であった。

米側はこの提案に対し、強烈に反論した。彼らの主張は、多くの当事者が加われば決まるものも決まらず、実質的な役には立たない、従来のように米日の二極体制で行きたい。したがってその名称もWSCのWを取ってSC（Semiconductor Council）にすべきだ、との主張である。

日本提案のマルチ・ラテラル（多極的）なスキーム対米国提案のバイ・ラテラル（二極的）なスキームの対立であり、端的に表現すれば「バイか、マルチか」の対立であった。この問題をめぐって多くの時間が費やされた。

あまり広くは知られていないのだが、この対立は最後まで折り合うことはできなかった。しかし、話している間に米国側の本音が伝わってきた。彼らは翌年の第一回会合に欧州、韓国が加わればその時にはＷＳＣでもかまわないが、今回の交渉終了時点でのメディア向け文書では「**Semiconductor Council**（ＳＣ）」とすることにこだわっていることがわかったのだ。すなわち「実よりも名」にこだわっていたのである。結局のところ、米国メディア向けには「**Semiconductor Council**（ＳＣ）」とし、日本メディア向けには「世界半導体会議（ＷＳＣ）」として発表がなされた。

おおむね議論が尽きたのは八月一日の早暁であり、続いて日米の政府・民間各三名による最終会談がもたれた。日本からは担当大臣の塚原俊平通産相、主席交渉官の坂本・通商産業審議官および民間代表の私が出席、米側からはバーシェフスキーＵＳＴＲ代表、シャピロ大使およびウェーバーＳＩＡ会長が出席した。この会談で最終的な詰めが行われ、塚原大臣とバーシェフスキー代表のトップ同士の握手があって一〇年間続いた日米半導体協定が終了することになったのである。メディアへの発表文案を含む最終合意に至ったのは八月二日の明け方であった。

ここに日本企業にとっての足かせとなっていた半導体協定は終了し、アクセス条項もダンピング防止条項もすべてなくなった。これを境に日本の半導体企業は晴れて経営の自由度を取り戻すことができたのである。

一方、交渉団にとって「八月」という月はあり得ず、決着はあくまでも「七月末日」でなければばならない。ＳＩＡの知恵者の提案で、決着の日は「July 33, 1996」となったのである。この日付はこの交渉がいかに難航したかを物語っている。

交渉が決着した「七月三三日」に米国側代表のパット・ウェーバー氏とともに、「ネバーギブアップ！」の合言葉が実を結んだことを喜び合った。最後のセレモニーとして、二人でだるまの目入れを行い、厳しかった交渉の幕を閉じたのである（図７－４）。

図７－４　最終合意の後、SIA 会長のパット・ウェーバー氏とだるまの目入れ

日本の提案となる第一回の世界半導体会議（ＷＳＣ）はＥＩＡＪの主催で一九八七年四月七日にハワイにおいて開催された。参加したのは半導体の主要生産国である日本、米国、欧州、韓国の業界団体、すなわちＥＩＡＪ（日）、ＳＩＡ（米）、ＥＥＣＡ（欧）、ＫＳＩＡ（韓）の四団体である。

この時の主な議論のテーマを以下に示す。

(1)ウエハーの大口径化（三〇〇ｍｍφ）に伴う製造装置の標準化の推進

(2)地球温暖化対策の一環としてＰＦＣガスの大気排出削減に関する国際協力の推進

(3)貿易拡大のために知財権を保護することの重要性を確認（例として、半導体の偽マーク品に対する防止活動の

必要性を確認）

(4)シリコンサイクルの予測・軽減に効果が期待される新統計の可能性について

その後WSCは現在に至るまで毎年、場所を変えて開催されており、世界の半導体経営幹部が一堂に集まって、業界の共通課題についての意見交換を行い、相互理解を深める機会となっている。

5 二段階の降格

一九九五年に半導体事業部長の職を後進に譲ってからしばらくの間、半導体は好調を維持しており、新体制にとっても順調な船出となった。私は半導体トップの座をよい形でバトンタッチすることができたことに満足し、その後は業界活動、顧客対応など、より広い視野での仕事に取り組んだ。

しかし、九六年の年が明けてしばらくすると半導体市況は急速に悪化した。そして九七年、九八年と足掛け三年間にわたって大不況が続いたのである。これまでに経験したシリコンサイクルの中でも最悪と言えるほどの落ち込みとなった。そのような不況の中ではあったが私は九七年に常務取締役から専務取締役に昇格した。

しかし、その翌年の五月には悪夢のようなことが待っていたのである。九八年五月二一日（木）。この日の九時に常務会（常務取締役以上が出席する定例会議）が予定されていたが、その前の八時半に社長室に出頭するようにとの連絡があった。社長室に入って着席するとK社長から「半導体の業績悪化のために日立全体の業績も落ち込んだ。株主にその責任の所在を示さなければならない。君には半導体の責任者として、専務から取締役（技師長）になってもらう。このことは株主総会の前に公表する」という趣旨の示達があった。続く常務会においてK社長からそのことが発表された。二段階の降格である。

六月二六日に株主総会が予定されており、会社全体の業績悪化が追及されることは必至の状況であったから、私がその生贄になる、という意味だったのだ。半導体の業績悪化の責任は痛感していたので何らかの処分は覚悟していたものの、これまでにまったく前例のない二段階降格とは予想すらしていなかった。

通常、このような役員人事の案件は常務会で審議の後、翌週の取締役会（取締役以上が出席する定例会議）での議決を経て定まる。しかし、ここで思わぬハプニングがあり、筋書き通りには進まなかった。翌週の取締役会議の冒頭で人事担当の役員から発言があり、「先週の常務会において牧本氏の降格案件が社長から提案されたが、事情があって今日の取締役会での議決は行わない。株主総会が終わった後の取締役会で改めて議決を行う」といった異例の内容であった。

この一週間で何が起こったのかの説明は一切なかった。株主総会の後での議決となれば、K氏が意図した「株主総会での生贄」という意味はまったくなくなったのであるが、そうなった経緯は今日でも定かではない。しかし、本社にはこのようなことを内緒で解説してくれる「事情通」がいるので、聞いてみたところ「株主総会の前に発令すると、社長の責任はどうなのかと追及されるので、かえって藪蛇になる」という意見が実務部隊から出されて、K氏が当初の考えを翻したのだろう、とのことであった。結果として「株主総会の生贄」としてはまったく役に立たない形で二段階降格のみが残ることになったのだ。

一方、私は社長示達後の数日の間、自分の身の処し方について思いをめぐらせた。四〇年近くにわたって日立の半導体分野で心血を注いできたその結末が、これまでに前例のない二段階降格という屈辱で終わるのかと思うと、まさにはらわたが煮えくり返るような思いだったのである。屈辱のままで取締役にとどまるか？　あるいは、潔く辞任して新しい展開を探るか？

そして五月三一日に、取締役を辞任しようと決意した。文房具屋に行って墨書用の巻紙を買ってきて「辞表」を認め、これをK社長に渡した。そして辞任の決意を固めたからには早急に取締役会にかけて、決着をつけてほしいという要望を伝えた。

しかし、同氏にとっては六月二六日の株主総会を無難に乗り切るのが最大の狙いであった。総会前の辞任だと目立ちすぎるので総会の後にしてほしいと頼まれたのである。やむなくそれを受け入れて、辞任の日付は総会後最初の取締役会の七月一日とすることで合意した。しかし、総会の前日（六月二五日）に急遽K社長から呼び出しがあり、総会の直後の辞任ということではあまりにも早すぎて不自然なので、辞任の日付をもう少し延ばしてほしい、できれば一両月先にしてほしい、と再度の懇願があった。私には身勝手な優柔不断にしか思えず、さらには自らの保身のみしか考えていないように感じられた。とにかく今度はしっかり約束を守ってほしいと念を押した上で先延ばしを了承した。その後、この約束は履行されず、結果として一年近くにわたって「辞表」は握りつぶされることになったのである。

役員の「二段階降格」は日立の長い歴史においても前例がなく、「史上初」という不名誉を被ることになったのだが、この処分に従って私の勤務場所も変わることになった。専務時代は東京駅の八重洲側にある日本ビルの一隅にあり、そこには私が管掌していた半導体部門と電子デバイス（ディスプレイ）部門の中枢が勤務していた。新しい勤務場所は東京駅を挟んで反対側の丸の内側にある新丸ビルと指定された。そこは新しい所属となる研究開発部門の勤務場所である。こうして半導体部門から去ることになったのである。

二段階降格のようなことは前例のない処分であったために、実務を担当する人たちにも何かと戸惑いがあったようだ。その一つを紹介しよう。

日本ビルから新丸ビルまでは直線距離にしてみれば一キロもあるかないかだ。隣のビルに移るようなものであり、これまで使っていた机や椅子をそのまま持っていくつもりで引越しの準備を進めていた。そのとき、総務部門の担当者がやってきて、その机は持って行っては困ると言う。なぜかと聞くと「専務と平取《ひらとり》では机の大きさが違う」という返事であった。「それは誰がきめたのか？」と聞いたところ「こちらの総務部門では判断がつかないので本社に伺いを立てたところ、そのような指示がきた」とのこと。さらに「この机は誰か使う当てがあるのか」と聞くと、「その予定はない。なんとか処分するしかない」とのことである。私の降格の件で、実務レベルでもそれなりの苦労があったことを思い知らされたのであった。

さて、私の辞表はK氏の手に握りつぶされたままで、年が明けた。九九年は日立における役員交替の年である（通常、西暦の奇数年に行われていた）。すでに会長に昇格していたK氏から二月二二日に示達のための呼び出しがあった。これまでのいきさつには触れることなく「君は役員定年に達したので今期で取締役を退任してもらう」という一方的な通達であった。私の辞表がなぜ一年間にわたって握りつぶされたのか、についての説明はいっさいなかった。

私はこのやり方に憤りを感じたので、そのことを厳しく詰問した。そしてその後には果てるともない不毛の言い争いが続いたのである。

普通、示達といえば二〜三分もかからないが、このときはあまりに長引いたので秘書が心配したのか、途中でコーヒーを持ってきてくれた。秘書が入室すると、双方とも一言も発せず、ただにらみ合っているだけである。コーヒーカップをテーブルに乗せるときの「コトリ」という音が大きく響き渡る。そして、秘書が室外に出るとまた口論の続きが始まる。おそらく秘書にとっても、示達のときにコーヒーを入れたのは初めての経験だったのかも知れない。

この示達の後、私の肩書は嘱託（技師長）となり、引き続き研究開発部門に所属することになった。

6　半導体新世紀委員会(SNCC)

時はさかのぼるが、日米半導体協定が終結を迎える二年前の一九九四年に日本半導体の活性化のためのシンクタンクとして半導体研究所（SIRIJ）が設立された。九九年当時、SIRIJ理事長をしていた大山昌伸氏（東芝）から相談があり、日本半導体の地盤沈下がさらにひどくなってきたので、その対策案を練るために一肌脱いでほしい、ということである。大山氏は九六年の半導体協定終結交渉の時の戦友でもあり、この話は引き受ける以外になかった。

このプロジェクトを半導体新世紀委員会（SNCC：Semiconductor New Century Committee）と命名して九九年三月から活動を開始した。まもなく二一世紀が始まるのを契機として、日本半導体の再活性化を図ることを目指しての名称であった。

私が委員長を務め、幹事長は東芝の海野《うんの》陽一《よういち》氏、設計グループはNECの森野明彦氏をリーダーに総勢一五名、デバイス・プロセスグループは日立の増原利明氏をリーダーに総勢一九名の体制である。このプロジェクトの期限は二〇〇〇年三月であり、頻繁にミーティングを重ねながら方向を探っていった。

プロジェクトが進むにつれいろいろな事実が判明する。日本の現状は想像以上に厳しい状況に陥っており、この案件は半導体だけでなく、日本のハイテク産業全体の問題であり、国の将来にもかかわるほどの問題であることが次第に浮き彫りになってきた。私はこの状況に鑑みて、SNCCが終わる二〇〇〇年三月を待つことなく、なるべく早い時期に概要だけでもオープンにして広く世論を喚起すべきだと考えた。日本経済新聞の知人と相談して九九年一一月三日（朝刊）の「経済教室」欄への寄稿が叶った。文面には「半導体産業再生へ」、「産官学で戦略推進機関を」、「米欧倣い総力結集」のタイトルが大書されていた。そこに記されているポイントを以下に記す。

(1)日本半導体企業のシェアは八八年の五二％から九八年には二六％と半分に落ち込んでおり、「地滑り的大敗」の状況となっている

(2)これまで半導体産業をけん引した家電分野はすでに勢いを失っており、新しく台頭したPC分野には出遅れており、半導体とハイテク分野の双方が危機的状況となっている

(3)PCに続いて立ち上がる市場は携帯電話などを含むデジタル情報家電分野であり、半導体では高性能・低消費電力のSoC（システム・オン・チップ）が必須となる。市場と技術の双方が大きな変曲点に差し掛かっていることをチャンスと捉えて挑戦すべきである

(4)産官学の総力を結集してSoC設計研究拠点を設置するとともに、世界最先端のプロセス・ラインを構築して共同利用を図ることを提案する

このような趣旨を踏まえて具体化し、詳細を詰めた上でSNCC最終報告書は「日本半導体産業の復活」と題して二〇〇〇年三月に公表された（図7-5）。

この報告をベースにしてＪＥＩＴＡ（電子情報技術産業協会）の実働部隊による「あすかプロジェクト」がスタートした。目標は一〇〇nm〜七〇nmのＳｏＣ設計技術とプロセス・デバイス技術の確立であり、活動期間は二〇〇一年四月〜二〇〇六年三月の五年間であった。

あすかプロジェクトはおおむね順調に進んでデジタル情報家電分野向けの技術基盤（微細化技術やＳｏＣ設計技術など）が確立された。しかし、これによって日本半導体の弱体化を食い止めることはできず、日本のシェアの右下がりトレンドの反転にはつながらなかった。それは何故か、この点については次の第７節で述べる。

さて、ＳＮＣＣ報告書を取りまとめて一息入れていた二〇〇〇年六月のある日、ソニーの出井伸之社長（当時）から直接の電話をいただいた。ソニーにおいてもＳＮＣＣ報告書に書かれているデジタル情報家電分野に注力しており、今後半導体の一層の強化が必要だ。ぜひ、そのために一役買ってほしいとの趣旨である。私はこの話で意気投合し、同年一〇月にソニーに移籍、半導体テクノロジー・ボード議長として、半導体技術戦略の策定を担当した。

図７－５　SNCC 提言書「日本半導体産業の復活」（2000 年３月発行）

7　二〇〇四東京国際デジタル会議

振り返ってみれば一九九九年から二〇〇三年の足掛け五年間は、日本半導体の産業構造が大きく転換した時期であり「脱皮の期間」と呼べるのではないか、と思う。九九年以前の半導体産業の形は「大企業の一部門におけるデパート商法的な事業」というのが一般であった。この形が九九年から〇三年の間に「専業による専門店方式の事業」へと大きく形を変えていったのである。

この時期に次のようなことが起こった。まず、九九年にNECと日立のDRAM部門が合体してエルピーダが誕生し、〇二年には三菱のDRAM部門も合流した。それ以外のほとんどのDRAMメーカーは事業から撤退したので、一〇社近くもあった日本のDRAM企業はエルピーダ一社に集約されたのだ。〇二年にはNECの半導体部門が独立してNECエレクトロニクスが誕生、〇三年には日立と三菱のシステムLSI事業が統合されてルネサステクノロジが誕生した。いずれも半導体の専業である。

このような脱皮直後の二〇〇四年に日経ビジネス・日経エレクトロニクス主催の「二〇〇四東京国際デジタル会議」が経済産業省の後援で開催された。半導体セッションでは以下の五社の幹部が半導体産業のビジョンと自社の戦略について発表した（発表順）。

松下電器／西嶋修（半導体社副社長）：ユビキタス社会に向けた松下半導体の取り組み
ソニー／牧本次生（顧問）：ソニーの半導体戦略
東芝／室町正志（セミコンダクタ社長）：ユビキタス時代に向けた東芝セミコンダクタ社の挑戦
ルネサス／伊藤達（社長兼ＣＯＯ）：ユビキタス時代のデジタル・ソリューション
ＮＥＣエレクトロニクス／戸坂馨（社長）：徹底したユーザー指向のソリューション提供

各社のスピーカーの顔ぶれは（私を除けば）脱皮期間以前よりも若返り、新生日本半導体のリーダーにふさわしいフレッシュな感じがあった。

五人中三人のスピーカー（西嶋氏、室町氏、伊藤氏）が演題の中に「ユビキタス」という言葉を織り込んでいるのがこのセッションの特徴であった。ユビキタスという言葉には「あらゆるものの中にコンピューティング・パワーが潜んでいる」、「あらゆるものがネットワークを介してつながっている」、といった意味合いが含まれている。同じような時代認識が講演者の全員に共有されていたのである。

別の角度からすれば、これまではＰＣが半導体戦略の中心になっていたが、これからは、デジタル・コンシューマ製品（あるいはデジタル情報家電製品）が主役になる、といった意味合いがある。日本はＰＣの時代の波にうまく乗ることができず、半導体のシェアも低下を余儀なくされたが、これからの新しい時代に向けて先陣を切って頑張るのだ、といった強いメッセージが伝わってきたのである。

当日の主なトピックスを以下に記す。

(1)松下電器：セット部門と半導体部門とが不可分の形でバリューチェーンを共有していることが強調された。携帯電話をはじめ、デジタルＴＶ、ＤＶＤ、カーナビなど幅広い製品分野に向けて半導体のソリューションを提供するために、「デジタル家電統合プラットフォーム」の構築を目指していた。

(2)ソニー：松下と同様に社内に大きなユーザーを抱えているため、両部門が連携した形の戦略がベースとなる。そのための社内機関が半導体テクノロジー・ボードであり、私が議長を務めていた。今回の国際デジタル会議においては、ソニーを代表して私が発表することになった。画期的デバイス開発の事例として、ＩＢＭ、東芝との連携で進めるゲーム機向け高速プロセッサの開発プロジェクトに言及、さらに世界トップのシェアを誇るイメージセンサについての強化策が述べられた。

(3)東芝：ターゲットとする市場セグメントとして、デジタル・コンシューマ、モバイル、インテリジェント・オフィスを挙げ、ＳｏＣ、単体、パワーデバイス、ＮＡＮＤなど幅広いデバイスでソリューションを提供する。特にＮＡＮＤについては市場が急拡大することを踏まえ、多値化、高速化の技術開発を進めることを強調した。

(4)ルネサス：ユビキタス時代に向けてのトータルソリューションを提供するための製品戦略について説明した。世界トップ製品の事例として、シェア五〇％を誇る携帯電話向けアプリケーションプロセッサ（SHモバイル）、シェア三二％のフラッシュ内蔵マイコン（F－ZTATマイコン）、さらにはシェア八〇％のカーナビ向けMCU、など強力なマイコン製品群が紹介された。

とくに興味を引いたのが、NTTドコモとの次世代携帯（FOMA）向けチップの共同開発であった。アプリケーションプロセッサとベースバンドプロセッサの両方を含むワンチップLSIであり、当時としては世界のトップレベルの技術が集約されていた。NTTドコモからは七〇億円の開発費が支払われ、このチップを搭載した携帯端末は〇六年に市場投入される予定になっていた。

この会議全体を通じて、これまでの脱皮期間中の混沌から抜け出して、専業となった日本の半導体企業が元気を取り戻し、いよいよデジタル・コンシューマ分野を中心とする新しい時代が立ち上がるのだという印象を強く受けた。

しかし……歴史の流れはこの会議のシナリオのようにはいかなかったのだ。最大の誤算はこの会議の三年後の〇七年にアップルが市場導入したスマホ（iPhone）の登場である。スマホはまさに「万能端末」であり、デジタル・コンシューマ分野に含まれる携帯電話、デジタル・カメラ、ゲーム機、MP3プレーヤー、カーナビ、デジタルTVなどのほとんどの機能をカバーしていた。スマホはそのような機器の需要を吸収する形で伸びていったので、日本企業が狙っていた新市場は次第に影が薄くなっていった。

スマホの出荷台数は初年度の〇七年に一・二億台、一〇年に三億台、一三年に九・七億台、一六年には一五億台に達した。わずか一〇年でピークの生産量に達したのだ。この破竹の勢いに、デジタル・コンシューマ製品は圧倒されて成長を阻まれ、日本の半導体企業が期待をかけていた市場は沈んでいったのである。

スマホが登場したのは、NTTドコモとルネサスが共同開発した世界トップレベルのチップを内蔵した新しいFOMA携帯端末が市場導入された直後のことであった。

この当時、日本の携帯電話産業でリーダー格のNTTドコモは自社方式に固執してスマホへの移行を見送ったと言われている。その後急成長したスマホ分野において日本企業の存在感はなく、日本の携帯電話は「ガラケー」となって次第に姿を消していった。ルネサスが五〇%のシェアを持っていたアプリケーションプロセッサの市場も国内からは消え去ったのである。

グローバルな視点からすれば、ルネサスとしては国内顧客がなくなれば、「SHモバイル」を武器にして海外向けに事業展開することもできたわけであるが、結果としてスマホ向けのアプリケーションプロセッサを海外企業に提供することはなかった。デバイス技術（たとえば微細化技術、低消費電力技術など）やSoC設計技術で劣っていたわけではない。最大の問題は、社内にスマホのプロの知見がなかったためプロダクト・デフィニション（チップの詳細機能の定義）ができなかったことだと言われている。

現在、スマホ向けアプリケーションプロセッサで高いシェアを持つのはクアルコム、メディアテック、アップルであるが、この三社はそろって二〇二一年の世界半導体トップ10に入っている。

一方、〇四年時点で世界の第四位となっていたルネサスは約四％のシェアを持っていたが、二二年のランクは一六位であり、シェアは一・九％となっている（Omdia調べ）。

スマホ向け半導体の中で、イメージセンサやＮＡＮＤフラッシュについてはソニーやキオクシアなど日本企業が存在感を示しているが、需要の大きいアプリケーションプロセッサやＤＲＡＭについては日本企業の姿はなく、日本全体としてのシェア低下の大きな要因となっている。

８　日本半導体の敗退

本章の第１節において、日本半導体が八〇年代末にトップシェアを獲得した背景を説明した。この当時、日本には家電分野を中心にして世界最大の需要があり、日本企業はそこで高いシェアをとっていた。さらにＤＲＡＭでも世界のトップを占めていたのであるが、そこで日米半導体協定の一撃を受けたことがシェア低下のトリガーとなった。そのインパクトについては第２節で述べたところである。

九〇年代になると半導体市場の中心は次第に家電からＰＣ分野に移っていったが、日本のセットメーカーも半導体メーカーも市場変化へのしっかりした対応ができず、シェアを失った。クリス・ミラー著の『半導体戦争』には、「日本半導体メーカーが犯した最大のミスは、ＰＣの隆盛を見落としたことだ」と述べられている。

マクロ的な視点ではその通りだが、現実にはPC向けマイコンはインテルの知的財産でしっかりとガードされており、参入するのは極めて難しかった面がある。今日に至るまで、インテルが圧倒的なシェアを握り、AMDの一社だけが追随しているに過ぎない。

二〇〇〇年前後からPCの成長が鈍化傾向となり、次の有望市場としてデジタル・コンシューマ分野が注目され、日本の半導体企業も注力を始めた。携帯電話、デジタル・カメラ、カーナビ、ゲーム機などの分野で高いシェアをとっていた。

先の第7節でも述べたが、その状況が変わったのは二〇〇七年にアップルから発売されたスマホの登場である。スマホはそれまで誰もが予想できなかったほどの速さで市場に広がり、二〇一〇年前後には半導体の最大市場に成長していった。当初デジタル・コンシューマ分野として捉えられていた新分野は「スマホ一強」の状態に変わっていったが、日本企業はこの分野に入れなかったのである。図7－6は以上のような背景をもとにして、日本半導体の躍進、摩擦、そして衰退に至る過程を示している。

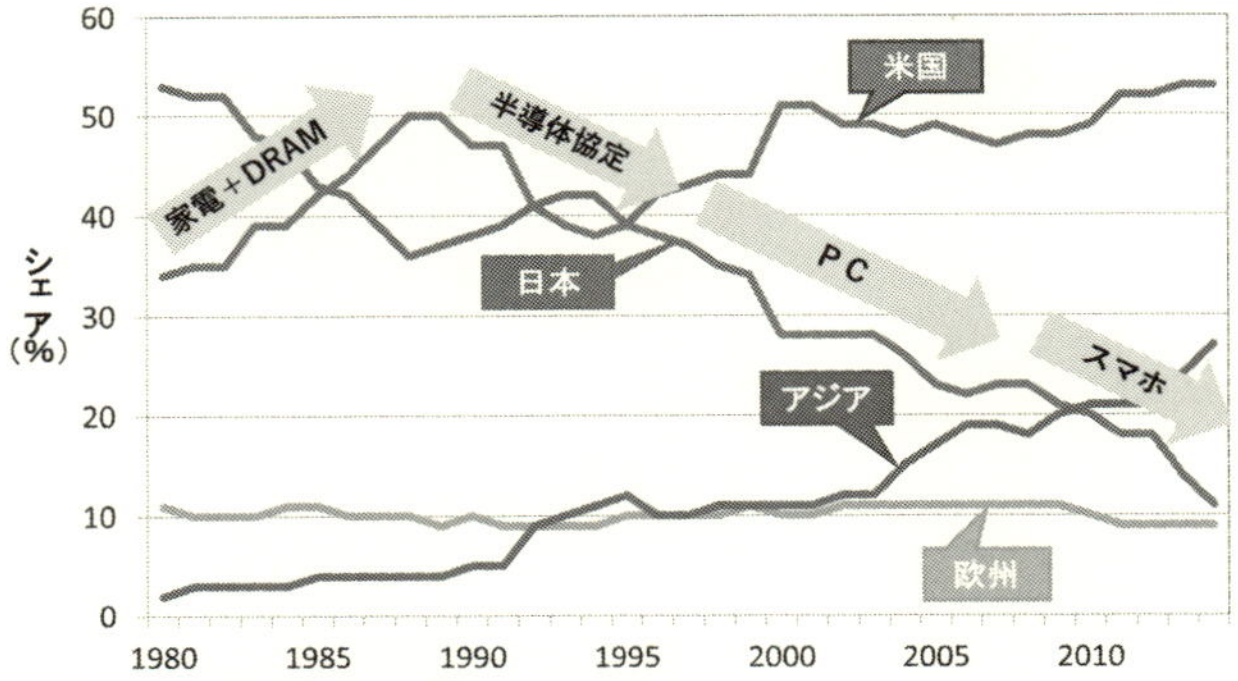

図7－6　日本半導体の躍進、摩擦、衰退

9　がんばれ！　ニッポン半導体！

近年、日本政府は半導体の強化に向けて本格的な取り組みをしている。政府首脳から「半導体は最重要戦略物資だ」、「半導体は国家の命運を握る」といった文言が聞かれるのはまことに心強い。私は半導体の仕事を始めて今年で六五年になるが、政府がこれだけ本腰を入れて半導体に取り組んだことはなかったと思う。この機会を日本半導体復権のラストチャンスとして、不退転の決意で取り組まなければならない。

三層構造の半導体関連産業

日常の会話において「日本の半導体シェアはピーク時の五〇％から一〇％まで落ちた」といえば、この「半導体」は「半導体デバイス産業」のことを指す。しかし、半導体関連産業としてはデバイス産業（市場規模約七三兆円）を中心にして、川上に材料産業（同約一〇兆円）と製造装置産業（同約一四兆円）がある。川下には電子情報機器産業（同約四七〇兆円）があり、この三層構造は密接に関連している。半導体産業の強化策の策定に当たっては川上から川下に至る三層構造のことを念頭に置いて進めなければならない。

強い川上産業

日本の川上産業は極めて健全であり、強い国際競争力を持っている。たとえば、重要な材料であるシリコンウエハーのシェアは約六割、ホトレジストは約九割、リードフレームは約四割、モールド材は約四割であり、「日本からの材料供給が止まれば世界の半導体生産が止まる」とまで言われるほどである。

また、製造装置産業においては東京エレクトロンなど日本企業四社が上位一〇社にランクインしており、全体としてのシェア（二〇二二年）は米国の五〇％に次ぐ二位で二三％となっている（TechInsights）。しかし長期的なトレンドを見ると、九〇年にはシェアが四八％あったが、現状は半減した形になっており地盤沈下が進んでいることを認識しなければならない。近年、中国や韓国が国家戦略的な形で強化を進めているので、将来は予断を許さない。日本では「強きをさらに強くする」形の強化策が必要である。たとえば、現在政府主導で進めているＴＳＭＣ工場の熊本県への誘致やラピダスの北海道での事業展開は川上産業にとって強い追い風となるだろう。言い古された言葉ではあるが、「勝って兜の緒を締めよ」ということを肝に銘じることである。

デバイス産業の課題

デバイス産業には二つの側面がある。すなわち“What to make?”（製品企画・設計）と“How to make?”（製造）である。以前は一社で両方をこなしていたが、最近では（特にロジック系デバイスについて）分業的な形態が増えてきている。ロジック系デバイス産業のシェアを左右するのは前者の"What to make?"である。

現在、日本のデバイス産業のシェアは一〇%を切っており、上位一〇社にランクされる企業はない。図7－7はピーク時の一九八八年と二〇二三年の上位一〇社を示すが、両方の顔触れを比較することによって、シェア低下の原因を探ることができる。

八八年の上位一〇社にはNECをはじめとして、日本企業が六社を占めていた。他には米国企業三社、欧州企業一社。また、一〇社のすべてがIDM企業であった。日本には家電品を中心にして大きな内需があったことと、DRAMで世界を制覇したことが主な勝因であった。この当時は投資力、製造技術、品質管理など"How to make?"の要素が重要であり、日本に有利な状況となっていたのである。

	1988年	2023年
1	NEC（日）	インテル（米）
2	東芝（日）	サムスン（韓）
3	日立（日）	クアルコム（米）
4	モトローラ（米）	ブロードコム（米）
5	TI（米）	NVIDIA（米）
6	富士通（日）	SKハイニクス（韓）
7	インテル（米）	AMD（米）
8	三菱（日）	STマイクロ（欧）
9	松下（日）	アップル（米）
10	フィリップス（欧）	TI（米）

図7－7　半導体上位10社の変遷

しかし、二三年になると様相は一変している。上位一〇社には米国企業七社、韓国企業二社、欧州企業一社が入っており、日本企業の姿はない。ここで特筆すべきは、米国の七社中インテルとTIを除く五社（クアルコム、ブロードコム、エヌビディア、AMD、アップル）はすべてファブレス企業ということである。八八年と比べるとIDMが五社減り、ファブレスが五社入った形である。

これが意味するところは過去三〇年の間に、半導体産業は"How to make?"（製造）指向から"What to make?"（企画・設計）指向へのシフトが起こったということである。別の見方をすれば日本のＩＤＭは米国のファブレスによって上位一〇社の地位を奪われた、とも言うことができるだろう。

ファブレス企業は「何をつくるか」の明確なコンセプトをもち、チップの機能を詳細に記述するプロダクト・デフィニション（論理図など）の能力がなければならない。日本にも少なからぬ数のファブレス企業が存在するが、米国、台湾、中国などに比べると規模的な存在感は薄い。その強化・育成が日本にとっての重要課題であり、そのためには次のような施策が考えられる。

⑴国内において半導体を多用する川下産業を振興し、半導体部門との連携を強化してWin-Winの状況を作り出す。図７－１（一九五頁）に示すように現在日本国内の半導体需要は約一〇％であり、八〇年代末の四〇％に比べると四分の一に過ぎない。これから、ＡＩチップをベースとする各種ロボットや自動運転車などの新規分野が立ち上がるので、半導体の需要は確実に高くなる。このチャンスを生かして半導体シェアの向上に注力すべきである。そのためには従来の半導体デバイス技術者のみの組織では対応できず、コンピュータ・サイエンスやシステム技術の知見を持つ技術者を取り込む必要がある。

⑵一方、半導体需要の九割は海外にあるが、海外における日本企業のシェアは低い。長期的には海外市場でのシェア獲得にチャレンジすることが大事だ。図７－１に示すように日本半導体企業の国内市場におけるシェアは三六％であるが、海外市場でのシェアは七％に過ぎず、極めて大きなアンバランスになっている。国内指向が強すぎて、需要の大きい海外市場へのアクセ

スが不十分となっているのだ。
改善のためにはグローバルな視野を持つコンピュータ・サイエンティストやシステム技術者の強化を早急に図らなければならず、海外の先進大学への留学生を大幅に増やすことが大事である。長期的な視点に立っての人材育成を産官学連携して強力に進める必要がある。

一方、"How to make?"（製造）の側面については政府主導で二つの強力なプロジェクトが熊本と北海道で進行中であり、これをしっかり成功させることが大事である。熊本に誘致するＴＳＭＣの第一工場は二四年から生産開始の予定であり、月産五万五〇〇〇枚の処理能力を持つ。第二工場は二四年に着工し、二七年までに生産開始の予定である。両工場の投資額は約二・八兆円であり、生産能力は約一〇万枚である。カバーするプロセスノードは四〇㎚～六／七㎚となっており、広い応用分野に対応できる。民間シンクタンクの九州経済調査協会によれば一〇年間の経済波及効果は約二〇兆円と試算されている。

ＴＳＭＣ誘致の最大の功績は半導体の持つ強烈なインパクトを広く日本全国に知らしめたことであろう。多くの人が「半導体は凄い産業だ」ということを実感したのではないか。

八〇年代まで半導体分野で追う立場にあった台湾は先進国の日本や米国からの工場誘致に努めていたが、その傍らでファウンドリという新しい産業モデルを独自に生み出した。半導体分野においては今や台湾が先進国となって日本との立場は逆転したのである。日本は現在のプロジェクトを成功させることが大事であるが、いつまでも他国追随では将来の発展はない。台湾の発展経過について学ぶことによって日本が世界に貢献できるのは何かを探らなければならない。

一方、北海道に建設中のラピダスは二nmのプロセスノードに対応するファウンドリ企業であり、トヨタ、ソニー、デンソーなど八社が投資する。ＩＢＭから技術を導入し、ベルギーのＩＭＥＣと技術協力を行う。すでに工場の建設が進められており、二五年に試作ラインが完成し、二七年から生産開始となる。試作ラインの構築に二兆円、量産ラインにはさらに三兆円のコストを要する、と言われている。

ラピダスの狙いの一つは、他のファウンドリより工完を短縮することだ。そのため、従来のファウンドリにおけるウエハーのバッチ処理（ウエハーをまとめて処理する方式）に代えて、枚葉処理（ウエハーを一枚ずつ処理する方式）を採用する。

ＥＵＶ（極端紫外線）を使う露光プロセスなどを含め、全体として難易度の高いプロジェクトであり、その過程において予期しない困難があるかもしれないが、産官学の総力を結集して実を結ぶまで信念を貫くことが大事である。

なお、上記二つのプロジェクトが成功したとしても、それが日本半導体シェアの右下がりトレンドを上向きに変えることにはならない。それができるのはファウンドリと対をなすファブレス企業であることを忘れてはならない。繰り返しになるが、日本半導体の最大の課題はシェア低下のトレンドに歯止めをかけて反転させることであるが、現在のところそのための強力な施策は見えていない。

川下産業の課題

一九五〇年代の半ばから日本の半導体が立ち上がったのは、トランジスタ・ラジオの成功がきっかけであった。半導体はその後も家電分野と相乗的な形で成長をとげ、ついに世界トップの地位を得た。しかし、その後に立ち上がったPCの波にも、スマホの波にも乗ることができず、半導体と川下産業とは連動する形でシェアを落としてしまったのである。市場争奪戦にたとえれば、一勝二敗の負け越しとなっている。

現在、スマホ市場は次第に飽和の傾向を帯びており、大きな成長力は期待できないだろう。これからの半導体のリード役はAI半導体であり、自動運転車を含む広義のロボティクス産業が大きな需要を作り出すと考えられる。

少子高齢化の先進国である日本にとって、人手不足は避けられない問題であり、ロボットに対するニーズは極めて高い。たとえば、介護の問題だけを取ってみても、これを受ける側は増加し、提供する側は減ってゆく。この問題を解決するためにはAI搭載の「賢いロボット」の力を借りなければならない。「賢いロボット」は高齢化社会におけるウェルビーイングの向上に大いに役に立つことができるだろう。

日本はこのような施策を世界に先駆けて推進すべきであり、これが世界への貢献となる。日本の川下産業にはもう一度新しいチャンスが巡ってくるのだ。このチャンスを生かすことができれば、市場争奪戦は二勝二敗のイーブンに持ち込むことができる。市場の変わり目にこそ敗者復活の可能性があるのだ。

これまで半導体市場の変遷は主として物理空間における変遷（家電→ＰＣ→スマホ）として捉えられたが、これからはサイバー空間における市場（データセンタなど）の成長が加わる。たとえば近年市場に導入された**Chat-GPT**は急速に普及して広い分野に大きなインパクトを与えている。生成ＡＩの処理を行うデータセンタには多額の半導体が使われるので、今後の半導体需要の強力なけん引役となるだろう。

このような事情を背景として、二〇三〇年の半導体市場規模は一兆ドル（約一五〇兆円）に達するとの見方がある。これは二三年の五二〇〇億ドルの二倍に近く、年率に換算すれば約一〇％の成長率となる。半導体産業は七〇余年を経てなお成長産業の様相を呈しているのだ。日本半導体は今こそ産官学の総力を結集して敗者復活戦を勝ち抜かなければならない。がんばれ！　ニッポン半導体！

第8章
「半導体の窓」から見える未来

「温故知新（古きをたずねて新しきを知る）」は孔子の言葉として今日まで伝わっている。過去の歴史を知ることによって未来へ向けての知識を得る、という意味であるが、二五〇〇年も連綿と伝わる言葉には、普遍的な真実があるのではないか、と思う。第8章のすべてのテーマの底流にはこの四文字がある。

本章の最初の事例（第1節）はゴードン・ムーアが一九六五年に雑誌『エレクトロニクス』に寄稿した内容がベースになっているが、それ以降の第2節から第6節の事例はすべて自分の経験をベースにしたものである。

1 「半導体の窓」からムーアが見た未来

半導体分野のみならず広くエレクトロニクス・コンピュータ関連の分野においては「温故知新」の事例が散見されるが、最も有名なのは「ムーアの法則」であろう。その法則のベースにな

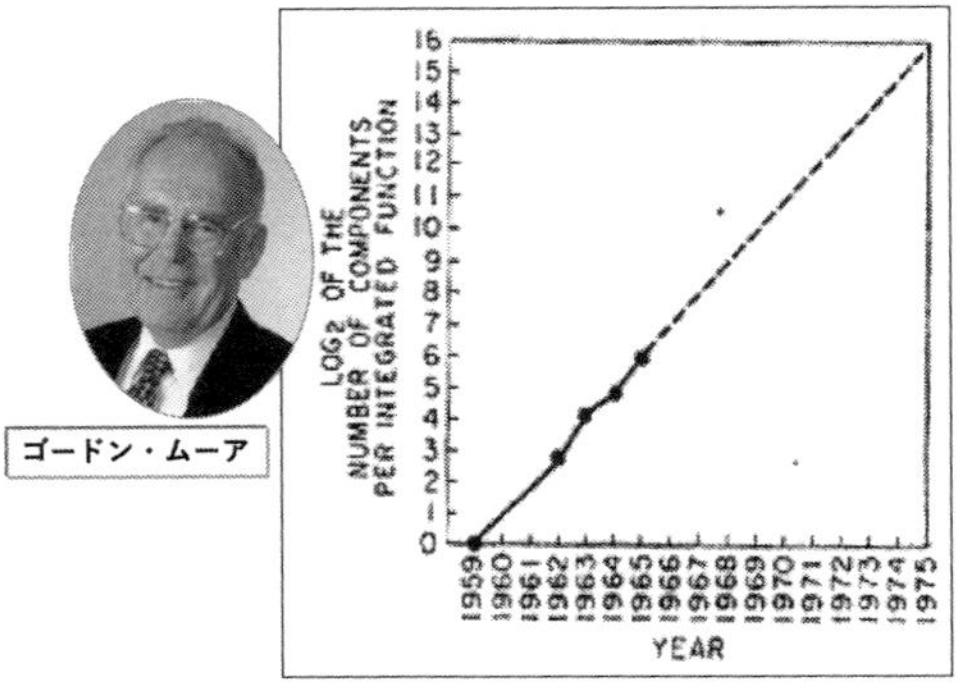

図８－１　ムーアの法則のオリジナル版（1965）

る論文をムーアが雑誌『エレクトロニクス』誌の一九六五年四月号に寄稿したのは彼が三六歳の時で、フェアチャイルド社の研究開発部門のトップを務めていた。論文のタイトルは「ＩＣの中にもっと多くの素子を集積すること」であるが、彼はまずＩＣ内の素子数が過去にどのようなペースで増大してきたかのトレンドを詳細に調べた（図８－１）。

　このグラフを作るにあたって、ムーアはユニークな工夫をした。横軸は西暦の年であるが、縦軸（素子数）には２を底とする対数をプロットしたのだ。わかりやすく表現すれば縦軸の目盛りは１、２、４、８、16、32……と、倍々の数値を等間隔に配置したのである。このグラフに過去の実際の素子数をプロットしたところ、見事に四五度の線上に並んでいることを見出した。これをベースにしてムーアは次のような結論を出した。「ＩＣ内の素子数は毎年二倍に増大する」。

　この論文が書かれた一九六五年にはＩＣ内の素子数は六四個程度だったが、彼はこのトレンドを一〇年先に延長すれば、素子数は一〇〇〇倍になり、一九七五年には六万五〇〇〇個になると予想した。この大胆な予測によって、この論文は大きな注目を集めたのである。その後、カリフォルニア工科大学のカーバー・ミード教授によって「ムーアの法則」と名付けられた。

ムーアはこのように早いペースで素子数が増大することから、ＩＣが果たせる機能も急速に拡大し、遠からず一家に一台の「ホーム・コンピュータ」が実現されるだろうと予想した。またこのほかに、自動車の自動制御、個人向けのポータブル通信機器などの可能性についても触れている。彼の予想したものは、それぞれ現在のＰＣ、自動運転車、スマホとして実現されている。半導体の過去のトレンドを調べることによって未来の一端を予想できたわけであり、「温故知新」の最適な事例と言える。

なお、この論文は四ページで構成されているが、三ページ目の上段には漫画風のイラストが描かれている。デパートの雑貨コーナーと思しき一角に「ハッピー・ホーム・コンピュータ」の社名を掲げるブースがある。ブースの前面には「大売り出し」の表示があり、セールスマンらしき男性がホーム・コンピュータを片手にかざしながら、にこやかに語りかけている。周囲には多くの男女が集まって物珍しそうに説明に聞き入っている。

何を言っているのかはわからないが、察するに「皆さん、今日はわが社のホーム・コンピュータの大売り出しです。これからは一家に一台のコンピュータの時代、新しい時代に遅れないようにしましょう……」といった感じかもしれない。

ゴードン・ムーアは近い将来にこのような光景が訪れることを想像していたのであろう。これはまさに「半導体の窓」からムーアが見た未来である。

ムーアが論文を書いたころのＩＣはバイポーラ・ＩＣであったが、その後デバイスの主流はＰＭＯＳ・ＩＣに代わり、さらにその次にはＮＭＯＳ・ＩＣに代わった。その次の主役になったのがＣＭＯＳ・ＩＣであり、今日に至るまで主流の位置を占めている。予見できる範囲において、この状況は変わらないであろう。

このようなデバイス変遷の過程でムーアの法則の表現も変化を遂げている。現在一般に認められている表現は次のようになっている。「チップ内に集積される素子数は一・五年（一八カ月）または二年（二四カ月）で二倍になる」。

いずれにしても、ムーアの法則を通じて将来の集積回路の集積度を予測できることは、半導体のみならず半導体がもたらす社会の状況を予見する上でも重要である。ムーアの法則は未来を見るための「半導体の窓」になっているのだ。

2 Makimoto's Wave

ムーアの法則に基づいて半導体の技術が指数関数的な進化を遂げる一方、半導体はそのほかの側面でも進化を遂げる。その進化は常に「よりよい顧客満足度」をめざす方向である。たとえば、標準品（汎用品）を提供したほうがよい顧客満足を得られることもあれば、逆にカスタム製品（専用品）で対応したほうがよいこともある。

私は半導体の分野において、標準品（汎用品）とカスタム品（専用品）とのトレンドが、おおむね一〇年ごとに代わることを一九八七年に発見した。トランジスタの発明（一九四七年）以来の半導体産業のトレンドを一〇年ごとに区切って「標準化対カスタム化」という見地から見直すと次のように区分できることに気付いたのがきっかけである。

一九四七年〜五七年　半導体産業の揺籃期。研究開発と初期量産の時代
一九五七年〜六七年　トランジスタ中心の「標準化指向時代」
一九六七年〜七七年　カスタムLSI（電卓向けなど）を中心とする「カスタム化指向時代」
一九七七年〜八七年　マイクロプロセッサ・メモリ中心の「標準化指向時代」

これまでは過去のトレンドであるが、これをさらに延長して次のような予測を織り込んだ。すなわち二〇年先までを予想したことになる。

一九八七年〜九七年　ASIC（応用分野特化のIC）がリードする「カスタム化指向時代」
一九九七年〜〇七年　フィールド・プログラマブル製品がリードする「標準化指向時代」

このような現象を見出した時期からしばらく経った九一年に、英国『エレクトロニクス・ウイークリー』紙のデビッド・マナーズ記者が日立を訪れた際に彼のインタビューを受けた。前記の標準化・カスタム化のサイクル現象について話したところ、マナーズ記者は「これは面白い！斬新なコンセプトだ。」と言って強い関心を寄せた。

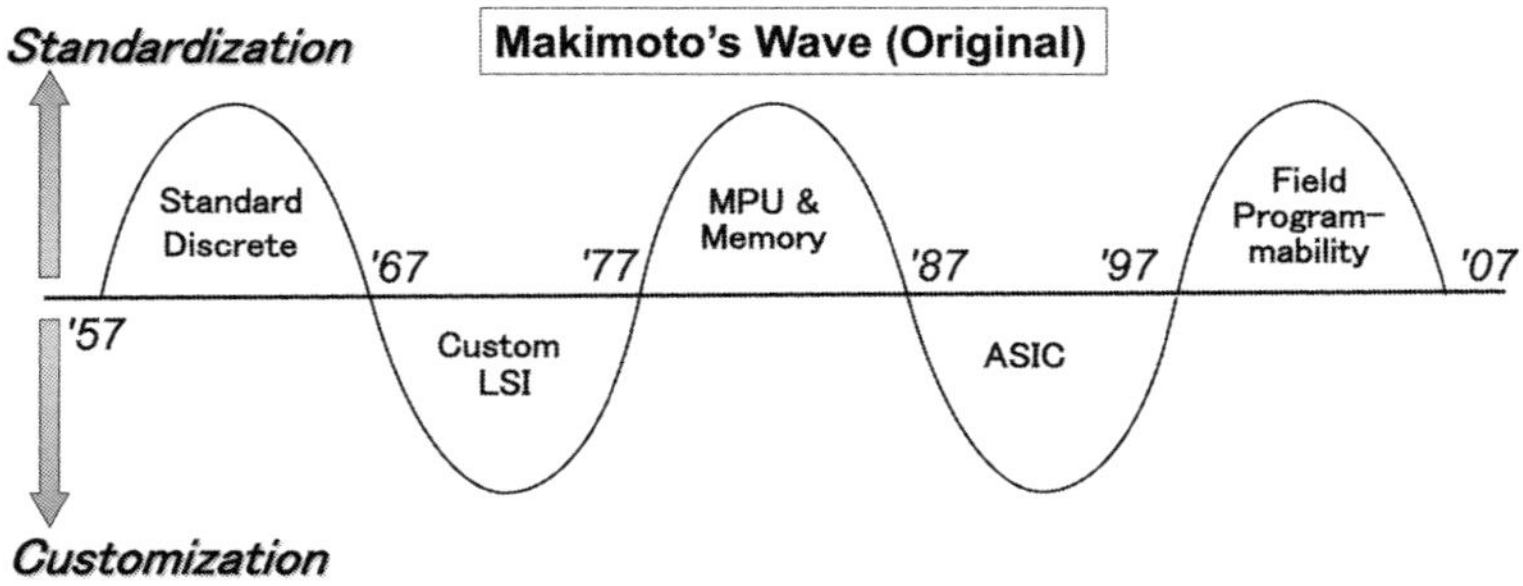

図８－２　牧本ウェーブのオリジナル版（出典：Electronics Weekly, Jan., 1991）

彼はこのインタビューをベースにして『エレクトロニクス・ウイークリー』紙に大きな記事を掲載したが、私はそのタイトルに驚いた。「Makimoto's Wave」という名前が付けられていたのである。このような経過によって、「牧本ウェーブ」は英国から始まって欧州の業界で拡がり、その後米国に移り、最後に日本でも知られるようになったのである。図８－２に牧本ウェーブのオリジナル版を示す。

今日の時点から振り返ってみれば、八七年頃からはＡＳＩＣを中心とするカスタム指向の製品が急速な立ち上がりを示し、九七年前後からはＦＰＧＡ（フィールド・プログラマブル・ゲート・アレー）を中心とする標準化指向のプログラマブル製品が立ち上がった。

また、日立ではこの時期にフィールド・プログラマブルなＦ－ＺＴＡＴマイコンを市場導入し、マイコンの新しいトレンドを作った（詳細は第６章第４節参照）。Ｆはフラッシュの意味であると同時にフィールドの意味も兼ねており、ＺＴＡＴはＴＡＴ（ターンアラウンドタイム）がゼロの意味である。このマイコンは従来のマスクＲＯＭの部分をフラッシュ・メモリに置き換えたものであるが、これによって顧客は自分でプログラムを書き込むことができるようになり（これがフィールド・プログラマブルの意味）、極めて短期間で新製品の市場導入が可能になった。このような事例からみて、牧本ウェーブはおおむね正鵠を射ていたものと判断される。

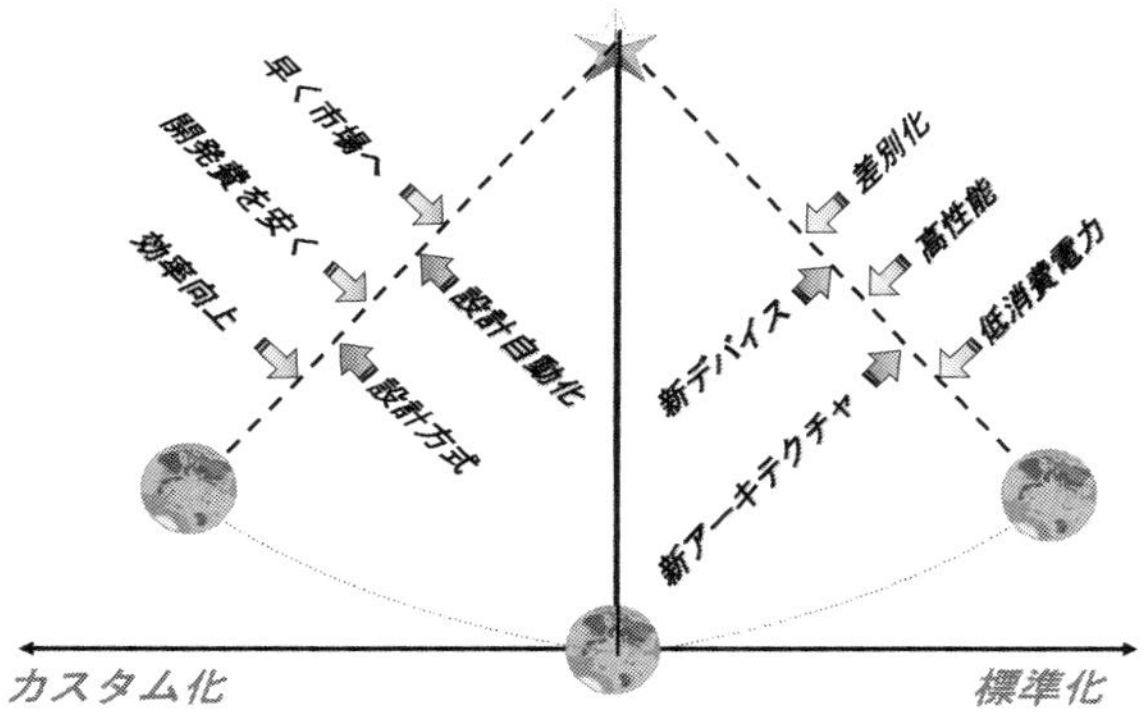

図８－３　半導体の振り子

半導体の振り子はなぜ揺れる？

さて、半導体の動向が「標準化」と「カスタム化」の間を揺れ動くのはなぜなのか？　このことについて説明するために考案されたのが「半導体の振り子」のモデルである。図８－３は振り子がカスタム化に向かう場合と標準化に向かう場合に、どんな力が働くかを示している。

半導体チップの設計自動化の技術（ＥＤＡのツールなど）や新しい設計のメソドロジー（たとえばゲートアレーなど）の出現によってカスタム化が容易になると、それは振り子をカスタム化の方に押す力になる。これが行き過ぎると「もっと早く市場導入したい」、「もっと開発費を下げたい」などの顧客ニーズによって原点の側に押し戻す力が働く。

一方、マイクロプロセッサやＦＰＧＡなどの新しいデバイスは振り子を標準化のほうに押す力になるが、これが行き過ぎると「もっと差別化を図りたい」、「もっとローパワーにしたい」、「もっと自社システムの性能を上げたい」などの顧客ニーズの力が働いて、振り子は原点のほうに押し返される。

このようなことを繰り返しながら、振り子は半導体の技術進歩やマーケット構造の変化によって、標準化とカスタム化の波が（結果として）一〇年ごとに揺れ動いたことになる。

なお、ここで注意すべきは一〇年ごとに新トレンド製品が立ち上がるとしても、それは前のサイクルの製品を市場から駆逐するのではなく、その上に積み重なってゆくということである。したがって、ある時点の半導体市場においては過去のいろいろなトレンドの製品が地層のように積み重なって重層的な形を成すことになる。

牧本ウェーブのコンセプトは半導体の分野で次第に拡がったが、コンピュータ分野でも強い関心を集め、関連の学会等から講演招待を受けることが増えていった。さらに、コンピュータ分野の専門誌 ***IEEE Computer*** の特集号でも取り上げられた。同誌の二〇一三年一二月号において、「コンピューティングの法則」に関連する五つの特集論文が掲載されたが、その中の一つとして牧本ウェーブが選ばれたのである。選ばれた論文を以下に示す（掲載順）。

(1)メトカーフの法則：ネットワークの価値はそのユーザーの二乗に比例する
(2)牧本ウェーブ：半導体は標準化指向とカスタム化指向をおおむね一〇年ごとに繰り返す
(3)アムダールの法則：並列コンピューティング性能に与えるアプリケーション・コードとアー

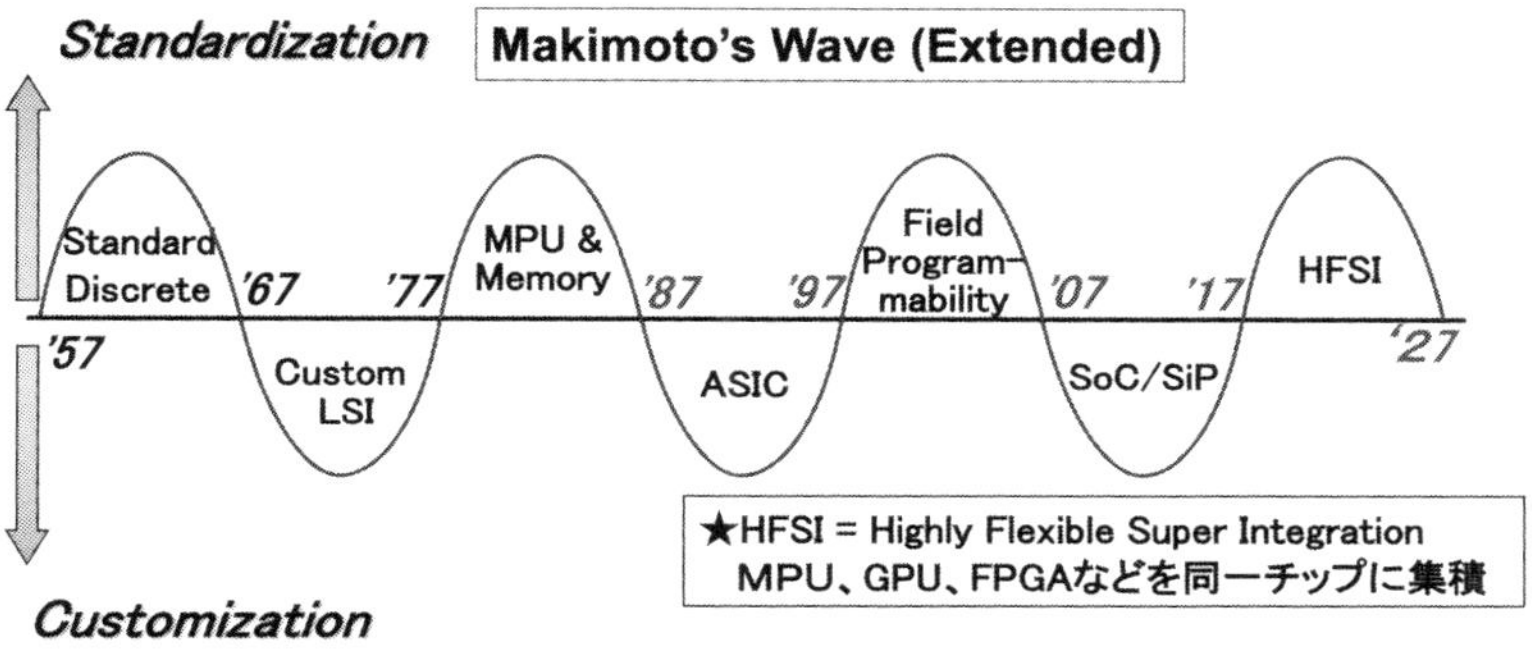

図８－４　牧本ウェーブの延長版（出典：IEEE Computer Dec., 2013）

キテクチャの関係

(4)ムーアの法則：半導体の集積度は一年ごとに二倍になる

(5)グロッシュの法則：コンピュータの性能はコストの二乗に比例して増大する

図８－４はこの論文の執筆にあたって作成した「牧本ウェーブ」の延長版である。オリジナル版は二〇〇七年で終わっており、すでに過去のものとなったので、さらに二〇年先の二〇二七年まで延長したものである。

二〇〇七年から一七年にかけての大きなトレンドは、ＳｏＣ（システム・オン・チップ）とＳｉＰ（システム・イン・パッケージ）が中心となるカスタム化指向のサイクルとした。

このトレンドで先行したのは二〇〇七年にスマートフォン（スマホ）を市場導入したアップルである。同社はスマホの中で使われるアプリケーション・プロセッサを自社向けのカスタム・チップとして開発した。これによって高い性能でかつ消費電力の小さいシステムを作ることができ、市場で好評を博して大きな成功を収めたのである。このカスタム指向の流れはその後グーグル、アマゾン、マイクロソフト、テスラなどにも引き継がれている。いずれの場合もカスタム化によって自社システムの「高性能と低消費電力」の両立を目指しているのだ。

二〇一七年から二七年に至る一〇年間のトレンドは標準化指向として、そのトレンドをＨＦＳＩと名付けた。ＨＦＳＩはHighly Flexible Super Integration（極めてフレキシブルな超高集積ＩＣ）の略称として命名したものである。この時点におけるチップの集積度は一〇年前のサイクルの場合より大幅に増え、ＣＰＵ、ＧＰＵ、ＤＳＰ、ＦＰＧＡなどプログマブル・ブロックの多数が集積可能となる。それによって多くの機能に対応するフレキシビリティを確保することができる。また、一つのパッケージ内に複数のチップを二次元または三次元方式で搭載することでさらに設計の自由度を高め、性能を向上させることができる。近年この関連の実装技術に関する技術開発が活発に行われている（チップレット方式など）。

この新しい標準化トレンドをリードしているのはエヌビディア、ＡＭＤ、インテルなどであり、データセンタ、自動車、ロボットなど、高性能指向分野への応用が広がりを見せている。

前述のように新しいトレンドの製品が出てきても前のトレンドの製品を駆逐するわけではないので、現在ではアップルが先導したカスタム化（専用化）指向とエヌビディア先導の標準化（汎用化）指向とは市場で共存している。

3　デジタル・ノマド到来の予想

一九七〇年代におけるデバイスの主流技術はＮＭＯＳであったが、日立では業界に先駆けて高速ＣＭＯＳ技術の量産化に取り組み、一九八一年にはＣＭＯＳの８ビットマイコンが製品化された。八二年にはそのマイコンを使ってセイコーエプソン（当時、信州精器）からハンドヘルド・コンピュータが発売されて大ヒットとなり、携帯型電子機器の先駆けとなった（第４章第３節参照）。

また、一九九〇年代に入ると新型ＲＩＳＣをベースにしたＳＨマイコンの開発に取り組んだ。消費電力が低く、性能が高いため電子機器のモバイル化に大きく貢献した。携帯型端末が広がることにより、人々は時間や場所の制約から解放されるので、新しいライフスタイルが生まれる。この事は、社会に大きなインパクトを与えるであろうと考えた。

このような趣旨で行った最初の講演が米国 In-Stat 主催の国際会合（九四年）での基調講演 "Mega Trends in the Nomadic Age"（ノマディック時代におけるメガトレンド）であった。当時としては斬新なテーマであったことから、その後、学界や産業界の会合での講演機会が増えていった。

半導体の主要学界の一つであるＶＬＳＩシンポジウムでは一九九六年にこのテーマでの基調講演の依頼があり、"Market and Technology Trends in the Nomadic Age"（ノマディック時代におけ

〈1997 年出版〉　〈2016 ～ 2017 年出版〉

牧本、デビッド・マナーズ共著　実在の Digital Nomad に関する本

図８－５　Digital Nomad の本：予想（左）と現実（右）

る市場と技術のトレンド）と題して講演を行った。その趣旨は、現在半導体市場の中心はＰＣであるが、これからは携帯型の電子機器が大きな広がりを見せるだろう。これによって人々のライフスタイルが大きく変わる。

ある時、友人のデビッド・マナーズ氏（英国エレクトロニクスウィークリーの記者）が私の講演を聞いて意気投合し、夕食をともにした。ワインを飲みながら話は大いに盛り上がり、このテーマを基に連名で本を書くことが決まった。私がこれまでに行った講演資料すべてをデビッドに渡し、彼が実際の執筆を担当した。

そして、九七年に英国で *Digital Nomad* が出版され、その翌年には中国語版、日本語版の出版が続いた。当時、**Digital Nomad** の言葉は一般的ではなかったが、新しい時代のライフスタイルを象徴する言葉として本のタイトルに選んだわれわれの造語である。

本が出版されて一〇年が経過した〇七年にアップルからスマホが発売され、これを契機にノマド・スタイルが広がっていった。一六年～一七年になると社会現象となり、実在のデジタル・ノマドに関連する本が相次いで出版された（図８－５）。さらにコロナ禍においてリモートワークが広まったことで、その数は増大し、世界には現在三五〇〇万人のデジタル・ノマドがいて、社会的インパクトも拡大している（JTB総合研究所、二二年九月）。

4　ロボット市場の立ち上がり予想

二〇〇二年に半導体分野の主要学界であるIEDMから二度目の基調講演の依頼をいただいた（最初の講演はその二〇年前の一九八二年）。依頼されたテーマは「ロボット向け半導体技術の現状と将来」である。私は二〇〇〇年に日立からソニーに移籍したが、その前年にソニーでは犬型ロボット・AIBO（アイボ）の販売を始めていた。

ロボットの技術についてはソニーでロボット博士の異名を持つ土井利忠氏に教えを請い、いかに高度な半導体のニーズがあるかについての認識を新たにした。講演の予稿集に掲載された論文は土井氏との連名である。

講演内容のほとんどは技術的な内容であったが、その結びの部分に半導体市場の将来予想を付け加えた。一〇年単位の長いサイクルで半導体市場の変遷を振り返ると、技術の高度化に伴って市場の主役が移り変わることに気が付いたのである。この状況を図8‐6のようにまとめて表現し、そのタイトルは「立ち上がるロボティクスの新しい波」とした。

七〇年代～八〇年代は家電分野が市場のリード役であり、テレビ、VTRなどの「アナログの波」で世界市場を制覇した日本はジャパン・アズ・ナンバーワンと言われた。

九〇年代からは高性能のマイクロプロセッサやメモリで作られたＰＣが市場のリード役を果たした。「デジタル第一波」の立ち上がりであり、ＰＣ分野は当時半導体市場においてまさに無敵の存在となっていった。

続く一〇年代〜二〇年代のリード役として予想したのは「デジタル第二波」としてのデジタル・コンシューマ分野である。高性能で低消費電力のＳｏＣの出現によって、携帯型の高機能機器（携帯電話、デジカメ、ゲーム機など）が市場のリード役となってゆくだろうと予想した。当時はまだスマホは出ていなかったが、二〇〇七年に市場に導入されると急速に普及して一人勝ちの様相となっており、現在はスマホの時代ともいえる。

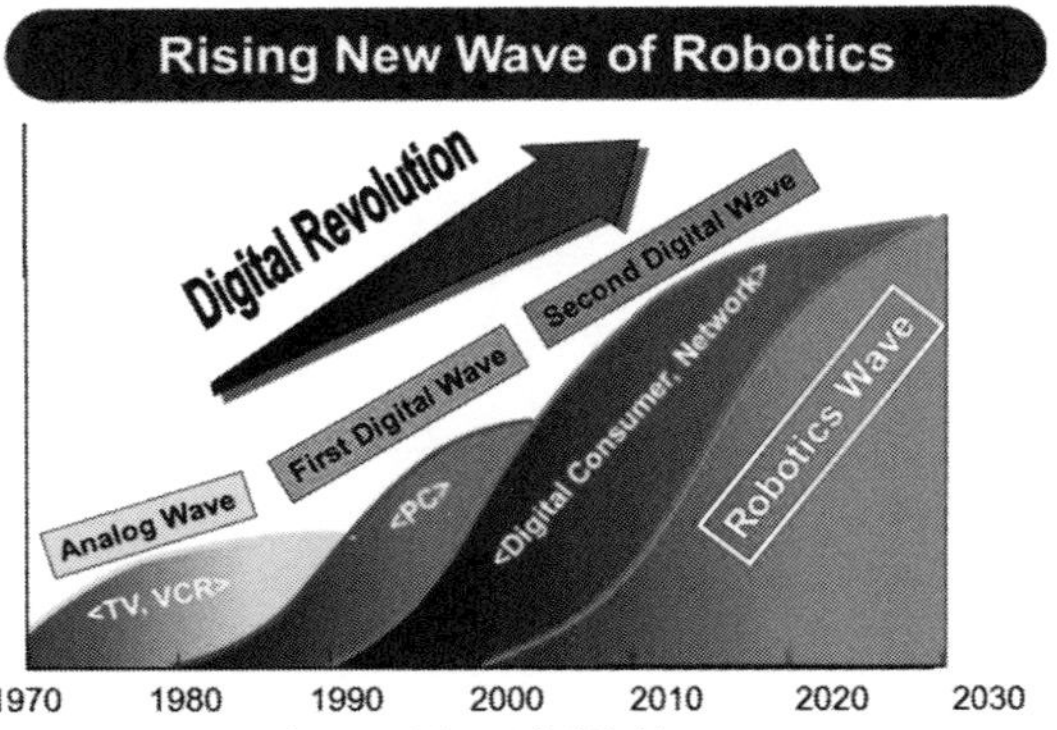

図８－６　IEDM（2002 年）の講演資料

二〇三〇年代以降のリード役は何か？　この当時、半導体市場としてはまだ存在感の薄かったロボット市場がその役割を果たすだろうと予想したのだ。講演の後でのコメントでは驚きを隠さない向きもあり、この予想は意表をつくものだったようである。

このような予想をした最大の理由は、二〇三〇年までの間にロボット知能が格段の進歩を成し遂げることが予想されていたからである。たとえば、カーネギーメロン大学のハンス・モラベック教授は二〇一〇年以降のロボット知能の進化を次のように予想していた。

「一〇年トカゲのレベル、二〇年ネズミのレベル、三〇年サルのレベル、四〇年ヒトのレベル」。

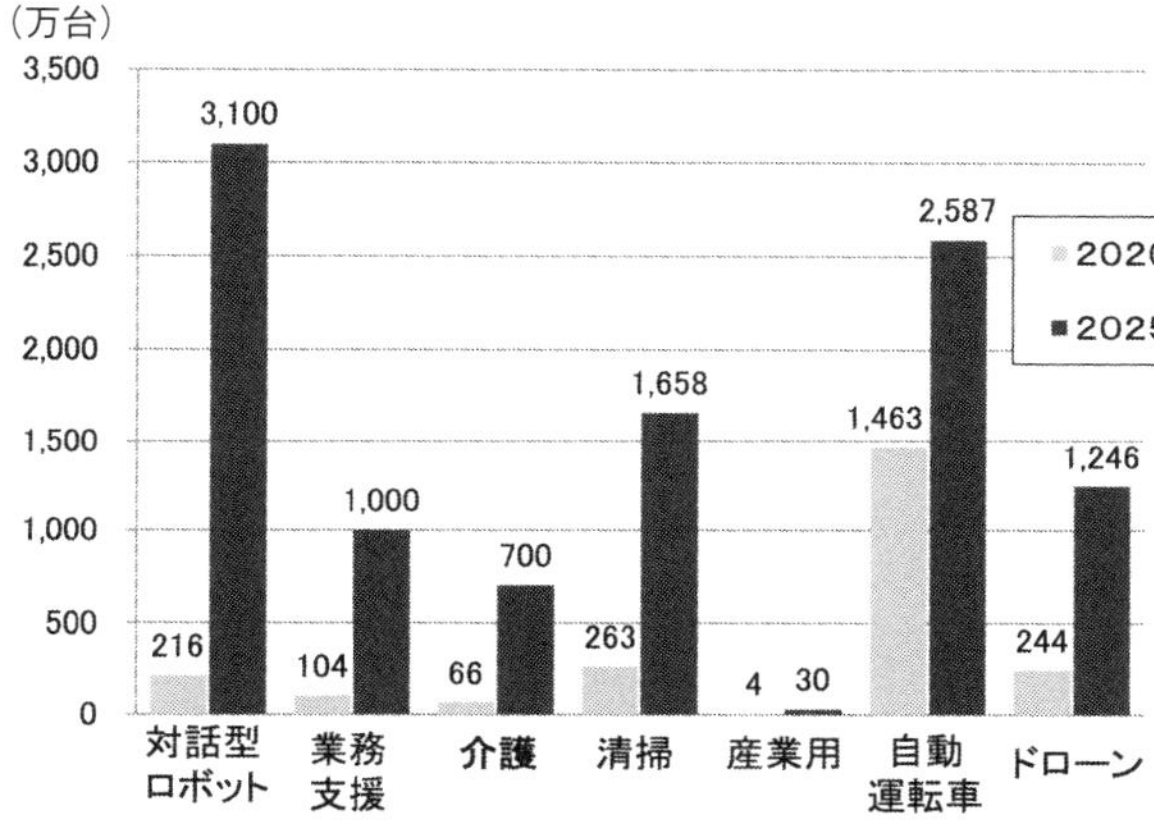

図８−７　AI 搭載型ロボットの成長予測（出典：JEITA、2016 年）

知能レベルの向上に加えて、各種センサーの進化、モーターを駆動するパワーデバイスの進化もあるので、ロボットの有用性は大きく改善されて、市場の拡大につながるものと思われた。

このような予想を裏書きする調査結果が二〇一六年にＪＥＩＴＡ（電子情報技術産業協会）から報告された。ロボットの範疇は広く、対話型ロボット、介護ロボット、産業用ロボットなどの他に自動運転車やドローンも含まれている。図８−７には各種ＡＩ搭載型ロボットの出荷数量が二〇二〇年から二〇二五年でどのように伸びるかが示されている。

たとえば、対話型ロボットは二〇年の二一六万台から二五年には三一〇〇万台と一四・三倍の成長だ。また、介護ロボットは同期間で一一倍、清掃ロボットは六倍の伸びである。さらにこの報告では二〇一五年から二五年までのＡＩ搭載型ロボット市場の規模を次のように予想している。

一五年五・八兆円、二〇年四七・七兆円、二五年一三〇・四兆円。このような予想をベースにすれば、ロボット分野が三〇年には巨大市場に成長する可能性が極めて高い。二〇〇二年のＩＥＤＭにおいて「半導体の窓」を通して見た未来が、今や現実のものになろうとしている。

5 「一国の盛衰は半導体にあり」

スイスのビジネススクール、ＩＭＤ（国際経営開発研究所）は一九八九年から世界各国の国際競争力ランキングを発表している。日本は八九年から九二年まで四年連続で首位に立ち、米国が二位につけていた。八〇年代は「ジャパン・アズ・ナンバーワン」としてもてはやされていたが、学術的な点からもそれが裏付けされた形であった。

しかし、九三年になると日本と米国の順位が逆転する。図８－８に示すように、米国はその後長く首位をキープしたが、日本の順位は急速に沈む。六〇カ国の中で二〇位台まで落ち込み、さらに二三年には三五位にまで沈んでしまっている。

一方、半導体のシェアも九二年までは世界のトップであったが、九三年に米国に逆転され、その後は地滑り的な感じで落ち込み、今では一〇％を切るところまで沈んでしまっている。

この図を見て国の競争力と半導体のシェアとが強く連動した形になっているということを知り

驚いた。両者はなぜ強く連動しているのか？　様々な要因が錯綜しているが、最も強い要因はアナログからデジタルへのパラダイムシフトであると考えられる。

九〇年代から電子産業の中心はアナログ系の家電製品からデジタル系のＰＣへシフトし、産業構造は垂直統合型から水平分業型へとシフトした。デジタル時代になって、半導体の持つ威力はさらに増大し、国力をも左右するまでになったのである。デジタル化への移行が始まると、日本を除く世界各国では半導体の重要性が強く認識され、そのために国を挙げての取り組みが始まった。今日では「半導体は最重要の戦略物資だ」ということが言われている。

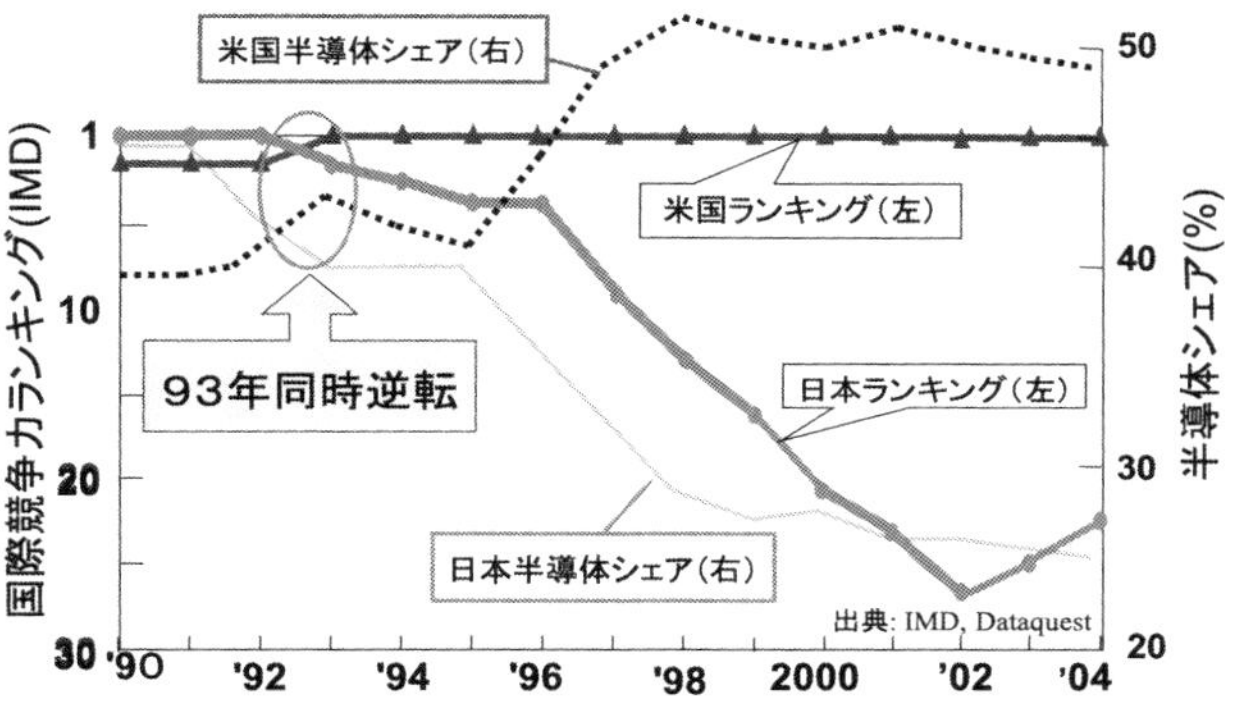

図８－８　日米の国際競争力ランキングと半導体シェアの同時逆転（出典：IMD、Dataquest）

一方、日本半導体のシェアは日米半導体協定（八六年～九六年）による直接・間接のインパクトによって低落傾向となった。九六年に半導体協定は終わったので、日本のシェアは下げ止まるのではないかとの期待もあったが、それ以降も右下がりのトレンドは続いた（第７章第８節参照）。このような状況を背景にして、〇六年に『一国の盛衰は半導体にあり』を上梓した（図８－９）。

執筆の意図は日本の半導体と国の競争力が連動して弱

図８−９　日本半導体への警鐘の書（工業調査会、2006年）

体化していることに対する警鐘であったのだが、この警鐘が当時の国の首脳部へ届くことはなかったようだ。しかし、それから一五年を経た二〇二一年頃から日本政府は半導体の重要性を認め、その強化に本気で取り組み始めた。その背景としてあったのは二〇二〇年にコロナ特需が発生し、ＰＣ、テレビ、ゲーム機などが急激に売れ出したため、半導体不足が発生したことである。

この影響を最も強く受けたのが自動車分野であり、「半導体がないので車がつくれない」といった事態は日本のみでなく、米国やドイツなどでも発生して大きな問題になったのだ。三カ国の政府高官が急遽台湾に飛んで、台湾政府やファウンドリ企業のＴＳＭＣに対して自動車向け半導体の増産を要請した。ＴＳＭＣがクルマ向け半導体の最大の供給者であるためだ。そのような要請にもかかわらず、モノ不足の解決には一年以上を要した。これによって半導体は国の根幹を支える重要な戦略物資であることが認識されたのである。

このような背景を受けて開かれた二一年三月の官民合同戦略会議の冒頭において、梶山弘志経産省大臣は「強靭な半導体産業を持つことが国家の命運を握る」と発言した。

また同じころ、自民党の半導体議員連盟会長の甘利明氏も「半導体を制するものが世界を制する」と主張した。さらに、翌年の二二年一二月には半導体の大きなイベントであるセミコンジャパンにおいて岸田文雄総理が登壇し「半導体は重要な戦略物資である」として、半導体の重要性を強調した。これらのフレーズの趣旨はいずれも「一国の盛衰は半導体にあり」の意味するところと符合している。

一五年前の警鐘がようやく今になって受け入れられるようになったのか、との思いがあるものの、政府首脳が本気で半導体に取り組むようになったことは復権のチャンスである。今はまさに捲土重来のときであり、官民の総力を挙げて半導体の強化に取り組まなければならない。

6 「半導体の窓」から見えるクルマの未来

私はもちろんクルマの専門家ではない。しかし、クルマは半導体の重要な応用分野であり、長く関心を寄せてきた。特に、EV（電気自動車）の登場によって半導体との関連がより密接になったことから、関心の度合いはさらに強くなった。「半導体の窓」を通して見るとEVの分野では以下に示す三段階の変遷があるだろうと予想される。

第一段階　ガソリンから電気へ

二〇〇八年にシリコンバレーに本社を置く新興企業、テスラから高い性能を持つEV（ロードスター）が発売された。売値は約一〇万ドルと高値であったが環境面などからの注目度が高く、ハリウッドのスターや政界の要人などが購入者リストにあるということだ。

もし、このクルマがデトロイトの大手自動車メーカーから発売されたものであれば、自分の好奇心がかきたてられることはなかっただろう。しかし、クルマを作るインフラのまったくないシリコンバレーの新興企業からの発売ということで、どうしてこんなことが可能になったのかと、自分の目でしっかり確かめたいとの思いが強くなった。

ロードスター発売から約半年後の〇九年三月に渡米の機会があり、シリコンバレー在住の知人に連絡したところ、テスラの本社は自宅から近いので、案内することができるとのことだ。先方のアポをとることもなく、「とにかく行ってみよう」ということで案内してもらった。

テスラの駐車場に車を止め、降りたところに、偶然にも同社の従業員の方が駐車して、話しかけてきた（もしかしたらわれわれを将来の顧客と勘違いしたのかもしれない）。話している間に、彼はテスラの品質担当マネジャーの方だとわかった。私は率直に質問を投げかけた。「クルマを作るインフラのまったくないシリコンバレーで、なぜ新興のテスラがこんなに素晴らしい車を作れるのか、その謎を知りたい」。

彼はしばらく考えてから、「これは、ちょっと極端な言い方だが」と前置きした上で、概略次のように話してくれた。「EVを作るには三つの大きなブロックを持ってきて車体に積めばよい。それは電池とモーターと半導体制御システムだ。だから従来のような車のインフラは要らないし、三つのブロックさえしっかりしていれば、新興企業でも良い車が作れるのだ」。

確かにこれは極端な言い方ではあるがわかり易い。ガソリン車の複雑な垂直統合システムに対する、ＥＶの水平分業の特徴を端的に表現したものだと理解した。話し込んでいる間に、「ちょっと乗ってみないか」との誘いがあったので、ありがたく助手席に乗せてもらい町中を数分間ドライブしてもらった。

　私にとっては初めてのＥＶ乗車であったが、驚いたことが二つあった。まず、加速性能がすごい。スポーツカー並みの迫力がある。また、社内にはエンジン音がまったく聞こえず、ガソリン車との違いを強く感じた。ワクワクするような乗り心地で、ＥＶはこれから伸びるだろうということが肌で感じられたし、映画界や政界の有名人が購入者リストに名を連ねているということも頷けるところであった。図８－10は初めてテスラのロードスターに乗せてもらったときの写真である。

図８－10　初めてテスラに乗る（2009 年３月）

　この経験を通じて、これまで高い参入障壁で囲まれていた自動車産業には新しい事業者の参入が容易となり、大きな構造転換が起こるのではないかとの予感を持った。
　テスラの乗車経験からしばらくして、恒例の技術研究会において「自動車産業の将来」と題する講演があった。講師は日本の大手企業の開発担当幹部である。
　内容は主に自動車の動力源についての将来像の話であった。現在のガソリン車から電気自動車（ＥＶ）、ハイブリッド車（ＨＥＶ）、プラグインハイブリッド車（ＰＨＥＶ）へと発展があり、さらには水素を動力源とする燃料自動車（ＦＣＶ）も加わって多様化が進むとのこと。それぞれに長所、短所があるので、この会社の戦略としてはすべてのニーズにしっかり対応できるようにするのが基本だ、との主張であった。開発も全方位的に進めているとのことである。

質疑応答の時間になったとき、先般のテスラでの経験を説明し、ＥＶの時代が来ると参入障壁が低くなって自動車産業には大きな変化が起こるのではないか、と質問した。

講師の回答はおおむね次のようなものであった。「テスラのことは知っている。普通の人から見れば、凄い車に見えるかもしれないが、車の本当のよさは見た目だけではわからない。頑丈さ、安全性、乗り心地などは何年も使いこなして初めて本当のことがわかる。ＥＶの時代になっても参入障壁が低くなることはないだろう」。

この意見はもちろんこの時の講師個人の意見であるが、日本の多くの自動車企業の意見を代弁しているようにも思われた。ＥＶに対する警戒感や強い意気込みはなく、これまでの成功体験に安住しているように感じられた（注：国産ＥＶとして大きな注目を浴びた日産リーフの発売は二〇一〇年一二月である）。

二〇〇九年の時点において、「半導体の窓」から見える日本の自動車産業の姿は「産業構造に地殻変動が起こりそうな時に、ずいぶんのんびりしているのではないか。このままではＥＶの波に遅れるのではないか」と映っていた。

現在のＥＶの状況は、二〇〇九年に「半導体の窓」から見た光景と重なっている。二三年のＥ

V企業のランキングのトップにあるのは新興のテスラ（米）で一九・三％のシェア、二位も新興のＢＹＤ（中）でシェアは一六％である。新興の上位二社だけで約三五％のシェアを占めている。三位、四位は大手のＶＷグループ（独）とＧＭグループ（米）が占めるが、五位、六位、九位は三社とも中国の新興企業である（マークラインズ調べ）。

日本勢のトップは一〇位のルノー・日産・三菱連合であり、シェアは三・二％。トヨタは二四位でシェア一％、ホンダは二八位でシェアは〇・二％となっている。

まさに自動車産業には地殻変動が起こっていると言っても過言ではない。自動車大国日本の出遅れは明らかであり、九〇年代の電子産業がデジタル化へのシフトによって地盤沈下を起こしたことの再現を思わせる。

第二段階　手動運転から自動運転へ

世界では自動運転車の開発競争が激化している。自動運転車の実用化に向けての先導的役割を果たしたのは米国のＤＡＲＰＡ（国防高等研究計画局）である。大学や民間企業が進めていた自動運転車のコンテストを企画し、二〇〇四年に世界初となる「グランドチャレンジ」を主催した。続けて二〇〇五年にも開催したが、いずれの場合も自動車は隔離された場所での走行に限られていた。

二〇〇七年には「アーバンチャレンジ」と名称を改め、実際の市街地を想定したルートを自動走行するコンテストであった。ルールは「全長九六㎞のコースをあらゆる交通規則を遵守しつつ、六時間以内に完走すること」である。

結果は六チームが完走した。一位はカーネギーメロン大学とGMの合同チーム（平均二二・五km／h）、二位はスタンフォード大学とフォルクスワーゲンの合同チーム（平均二二・〇km／h）であった。三位がバージニア工科大学のチーム、四位がMITのチームと報告されている。

このようなコンテストを通じて米国はじめ世界の各国で自動運転車の実用化への気運が高まっていった。従来の自動車メーカーだけでなく、IT系企業もこの分野に参入することになる。

ITの雄グーグルでは二〇〇九年に自動運転車開発プロジェクト「ウェイモ」が発足した。ウェイモは二〇一六年にグーグルから分社してアルファベット傘下に入っている。二〇一七年一二月には運転手なしの完全自動運転車による公道での試験走行を開始した。無人運転車による累計の走行距離は一八年七月には八〇〇万マイルに達していたが、同年一〇月には一〇〇〇万マイル（一六〇〇万km）に達したと発表した。これは全米の二五都市で行われた走行テストの合計である。

一八年一二月にはアリゾナ州フェニックスにおいて自動運転タクシーのサービスを開始した（ただし、安全のため運転手がついていた）。二〇年一〇月には同市において（運転手のいない）完全自動運転車のサービスを開始した。

私は二〇一八年、米国のコンピュータ歴史博物館を訪問した際に、その一角にウェイモが展示されているのを見て驚いた。案内者に「コンピュータの歴史館になぜウェイモが展示されているのか」と聞いたところ、「自動運転のクルマはコンピュータ端末の一つだ。ウェイモの歴史はコンピュータの歴史でもある」との説明であり、納得するとともに時代の変化を強く感じた。せっかくの機会なので記念写真を撮らせてもらった（図8－11）。

自動運転車の分野における競争の状況を見てみよう。米国カリフォルニア州の車両管理局が発表した二〇二〇年の走行データ「自動運転継続距離」（人の介入なしに自動走行した距離の平均）の上位一〇社を見ると、以下に示すように大きく三つのグループに分けられる（出典：『日経エレクトロニクス』二〇二一年五月号）。

(1)米国のＩＴ企業系三社

一位のウェイモ（アルファベットの子会社）、八位のNuro（グーグルの技術者が独立して起業）、一〇位のZoox（アマゾンの子会社）

図8－11　コンピュータ歴史博物館（米）に展示されているウェイモ（2018年5月）

(2)大手自動車企業系二社

二位のクルーズ（ＧＭの子会社）、五位のアルゴＡＩ（フォードの子会社）

(3)中国企業系五社

三位のAutoX、四位のPony.ai、六位のWeRide.ai、七位のDiDiChusing、九位のDeepRoute.ai

一〇位外の大手自動車メーカーでは日産自動車が一六位、ＢＭＷが一七位、メルセデスベンツ（Ｒ＆Ｄ）が一九位、トヨタ（研究所）が二四位となっている。

ちなみに一位のウェイモの自動運転継続距離は四万八二〇〇（km）であり、これは米国横断を五往復できる距離である。ちなみに一〇位のZooxは二六〇〇（km）、二四位のトヨタは三・八（km）となっている。

このリストを見る限りでは、現在の日・米・欧の大手企業よりもIT系の新規参入企業や中国系の新規企業などが上位を占めている。「半導体の窓」を通してみると、自動車産業においては下剋上のような形での烈しい序列変動が起こりつつあるように見える。

第三段階　自動車の再定義

自動運転車がさらに進化した先にはどのような自動車が現れるのだろうか？　その先陣を切るクルマが二〇二三年のCES（米国ラスベガスで毎年開催されるテクノロジー見本市）においてデビューしたソニー・ホンダモビリティの**AFEELA**である。会場では新しいコンセプトのクルマの登場に大きな関心が寄せられた（図8－12）。

これまでのクルマは「人を運ぶ空間」であったが、**AFEELA**は「エンタメを楽しむ空間」へと再定義したのである。また、このクルマを制御する知能部の半導体の開発についてはスマホのアプリケーション・プロセッサでトップを走るクアルコムと連携することも発表された。これはクルマとスマホとの親和性が高くなることの証でもある。

このような新しいコンセプトのクルマについては、以前からアップルカーが話題となることが多かった。二一年には、日本経済新聞・日経クロステック合同取材班によって『Apple Car――デジタル覇者VS自動車巨人』と題する本が出版されたほどである。この本では、アップルカーの登場によって、スマホと同じようにソフトウエアのアップデートが可能となり、購入後もクルマが進化を続けること、さらに自動車産業は垂直統合型の産業から水平分業型の産業へとパラダイムシフトが加速するだろうと予測されていた。

しかし、二四年一月になって、米国ブルームバーグ通信は「アップルカーの発売は二八年に遅れる」と報じた。報道によれば、アップルカーは一五年からプロジェクト・タイタンの名のもとにハンドルのない高度な自動運転車を目指して開発が進められ、発売は二六年と予想されていた。アップルは開発目標を現実的なものに変更し、さらに発売時期も延期することにした、との解説がついていた。

さらに、二月末になると上記のブルームバーグ通信から「アップルカーの開発中止」との報道がなされた。二〇〇〇名の人材の多くはAI分野に振り向けられるとのことである。

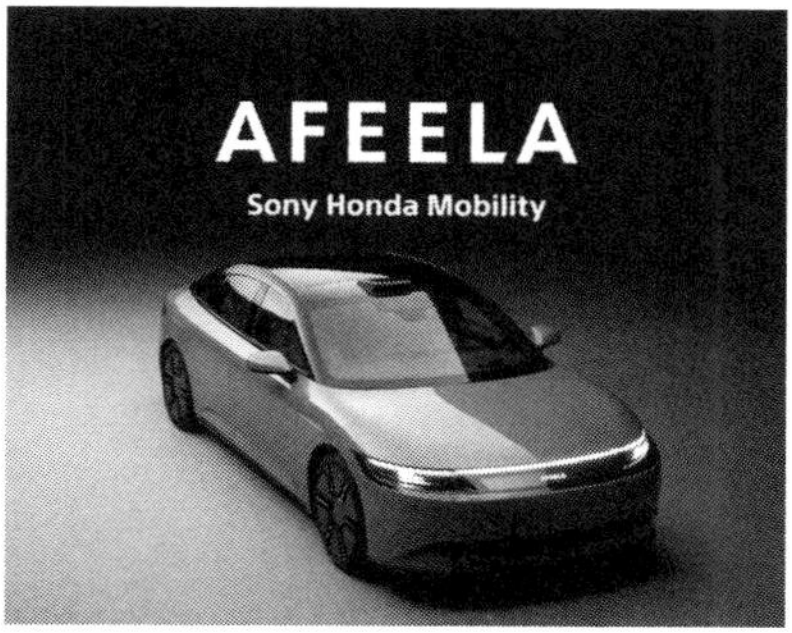

図８－12　ソニー・ホンダモビリティーのAFEELA（CES出展　2023年１月）

しかし、この分野の動きは速い。去るものがあれば入るものが現れる。三月二八日にはスマホで世界第三位の中国の小米（シャオミ）が新型のＥＶを発表した。同社の雷軍《レイジュン》ＣＥＯは「ドリームカーを作る」として、新車の特徴について三時間の熱弁をふるったと報道された。その狙いは「人間、クルマ、住宅のスマートエコシステム」を完成させることにあり、まさに「自動車の再定義」ということができる。三月末には正式な予約受付を開始したが、初日だけで九万台の注文があったと報道された。

これまで「半導体の窓」を通して、ＥＶの進化を三つの段階でとらえてきた。第一段階はガソリン車からＥＶへ、第二段階は手動運転から自動運転へ、そして第三段階は自動車の再定義である。日本の自動車企業は第一段階、第二段階において大きな出遅れになったことは否めないが、第三段階ではソニー・ホンダモビリティの**AFEELA**が世界で最初のデビューとなった。直近のライバルはこれまで予想されていたアップルではなく、スマホで世界第三位の小米になるだろう。同社はすでに量産を開始しており、この面ではソニー・ホンダをリードしている。この分野のプレーヤーの数は今後ますます広がるだろうと予想される。

二〇三〇年代には進化段階の異なる三種のクルマが混在して百花繚乱の様相を呈しているだろう。自動車分野は日本経済の屋台骨を支える最も重要な産業だ。世界的な競争力を誇ってきた日本の自動車産業が、スタートで出遅れたとは言え、持ち前の底力を発揮して劣勢を挽回することを切に願っている。

あとがき

私が日立の半導体部門に入ったころ、米国と日本の技術格差は相撲にたとえれば横綱と十両ほどの開きがあった（第1章第3節）。そこから一九八〇年代まではひたすら上を目指して追いかける展開であった。日本は家電製品への半導体応用で世界に先行し、電卓のＬＳＩ化でも成功を収めた。メモリの時代には先端メモリに重点化した作戦が功を奏したが、これが日米半導体摩擦につながり、日本は大きな打撃を受けて弱体化に向かった。

現在、米国のシェアが五〇％に対して日本は一〇％弱であり、この数値をみると日本は再び追いかける立場になっており、歴史は繰り返している。過去の日本がどのようにして世界のトップになったかの歴史には学ぶことが多いのではないだろうか。同時に、ピーク時からの衰退がなぜ起こったかについても学ぶことが多いと思う。

自分の半導体人生を振り返ると、その大半は米国を追いかけて追いつき、日米摩擦に至る時代にあたっており、無我夢中で駆け抜けた感がある。この間、世界に先んじた新製品の事業化で成功したことがある一方で、シリコンサイクルの落ち込みの度に辛酸をなめたこともあった。四つの山と三つの谷を経験しており、総括すれば「三《み》転《ころ》び四《し》起《お》き」の人生ということになるだろう。

半導体人生も終盤に入ったころ、幸いにも三つの国際的な受賞をいただいたが、いずれの受賞も「無我夢中で駆け抜けた時代」の仕事に関連するものであった。

・ベルウェザー賞（二〇〇四年）

最初の受賞は〇四年三月、米国セミコリサーチ社主催の国際会合（SEMICO SUMMIT）においていただいた「ベルウェザー賞」である。ベルウェザー（Bellwether）の語源は「首に鈴をつけて群れを先導する雄羊」で、転じて先導者を意味する。これは九九年に創設された賞で、半導体業界への貢献が大きい経営者一人に毎年贈られる。私の前の受賞者はTSMC創業者・CEOのモーリス・チャン氏、マイクロンCEOのスティーブ・アプルトン氏、メンターグラフィックスCEOのウォーリー・ラインズ氏、AMD創業者・CEOのジェリー・サンダース氏などであり、まさに錚々たる顔ぶれである。私は六人目（日本人として初めて）の受賞であった。受賞理由としては、牧本ウェーブの提唱に始まり、メモリ・マイコンなどのNMOSからCMOSへの転換、さらにはデジタル・コンシューマ分野に向けてのリーダーシップが挙げられた。この時の講演資料は日本半導体歴史館・牧本資料室（第6展示室）に所蔵されている。

・グローバルIT賞（二〇一三年）

二回目は二〇一三年一一月、アルメニア共和国大統領からいただいた「グローバルIT賞」である。この賞はIT立国を目指すアルメニアが〇九年に創設したもので、グローバルなレベルでITの進歩に貢献した個人に与えられる。私の前の受賞者は元インテル会長クレイグ・バレット氏、アップルの共同創設者スティーブ・ウォズニアック氏、世界初のマイコン開発者フェデリコ・ファジン氏。私は四人目で、日本人としては初めての受賞であった。受賞理由は高速CMOSデバイスの商用化によって電子機器の低消費電力化・ポータブル化に貢献し、人々のライフスタイルに変化を与えてデジタル・ノマド時代の到来を先導したことである。

・ロバート・ノイス・メダル（二〇一八年）

三回目は二〇一八年五月、IEEE（アイトリプルイー、米国電気電子学会）からいただいた「ロバート・ノイス・メダル」である。この賞はICの発明者の一人であるロバート・ノイスを記念して九九年に創設されたものであり、私は全体で二〇人目、日本人として五人目の受賞者となった。受賞理由は「CMOSメモリ、マイコンの事業化における技術的・経営的リーダーシップ」となっている（メモリについては第3章第2節、マイコンについては第4章第3節を参照）。

半導体一筋に生きてきた者にとって、自分の業績が世界的な視点で評価されたことは名誉なことであり、これ以上の喜びはない。しかし、これらの受賞は私一人でいただいたものではなく、苦楽をともにした日立の多くの半導体技術者と一緒にいただいたものであり、ここに深甚なる謝意を表す。

謝辞

本書の執筆にあたっては日本半導体歴史館に所蔵されている資料を多く引用させていただいた。歴史館の運営にあたっている長見晃氏、藤井嘉徳氏に感謝する。

また、執筆内容の確認や資料の提供などについては「蝉の輪会」の多くのメンバーにご協力いただいた。「蝉の輪会」は日立半導体OB有志の集いであり、「セミコンダクタでつながる人の輪」が名前の由来である。私が会長を務めているが、今日まで二〇年以上に渡って活動が続けられているのは幹事長の喜田祐三氏の献身的努力のおかげであり、深く感謝している。今回特にご協力いただいたのは初鹿野凱一氏、松隈毅氏、木原利昌氏、稲吉秀夫氏、西村光太郎氏、桂晃洋氏、倉員桂一氏、児島伸一氏であり、ここに記して謝意を表す。

筑摩書房・筑摩選書編集長の松田健氏には編集の過程で多大なご努力をいただいたことに感謝する。

また、妻の久美子には一般読者の立場で全文を査読の上、コメントと修正案をもらったことに感謝している。

牧本次生 まきもと・つぎお

一九三七年、鹿児島県生まれ、ラ・サール高校卒業。東京大学工学部卒業、スタンフォード大学電気工学科修士、東京大学工学博士。日立製作所に入社し、半導体事業部長、専務取締役などを務めたのち、ソニー執行役員専務、半導体産業人協会理事長などを歴任。半導体産業における標準化とカスタム化のサイクル現象は「牧本ウェーブ」と名づけられた。一九九六年、日米半導体協定の終結交渉代表を務める。現在、半導体産業人協会特別顧問、日本半導体歴史館館長、日本マイクロニクス顧問。著書『デジタル革命』（共著、日経BP社、一九九六年）、『デジタル遊牧民』（共著、工業調査会、一九九八年）、『一国の盛衰は半導体にあり』（工業調査会、二〇〇六年）、『日本半導体　復権への道』（ちくま新書、二〇二一年）など。主な受賞は市村賞（一九七三年）、ベルウェザー賞（二〇〇四年）、グローバルIT賞（二〇二三年）、IEEEロバート・ノイスメダル（二〇一八年）など。

筑摩選書 0288

日本半導体物語《にっぽんはんどうたいものがたり》

パイオニアの証言《しょうげん》

二〇二四年九月一五日　初版第一刷発行

著　者　牧本次生《まきもとつぎお》

発行者　増田健史

発行所　株式会社筑摩書房

東京都台東区蔵前二-五-三　郵便番号 一一一-八七五五

電話番号　〇三-五六八七-二六〇一（代表）

装幀者　神田昇和

印刷 製本　中央精版印刷株式会社

ISBN978-4-480-01806-9 C0354

筑摩選書
0083

〈生きた化石〉生命40億年史

R・フォーティ
矢野真千子 訳

五度の大量絶滅危機を乗り越え、何億年という時を生き延びた「生きた化石」の驚異の進化・生存とは。絶滅と存続の命運を分けたカギに迫る生命40億年の物語。

筑摩選書
0091

死ぬまでに学びたい5つの物理学

山口栄一

万有引力の法則、統計力学、エネルギー量子仮説、相対性理論、量子力学。これらを知らずに死ぬのはもったいない。科学者の思考プロセスを解明する物理学再入門。

筑摩選書
0097

「健康第一」は間違っている

名郷直樹

健康・長寿願望はとどまることを知らない。だが、それによって損なわれているものがあるのではないか。様々な医療データを精査し、予防や治療の意味を問いなおす。

筑摩選書
0107

日本語の科学が世界を変える

松尾義之

日本の科学・技術が卓抜した成果を上げている背景には「日本語での科学的思考」が寄与している。科学史の側面と数多の科学者の証言を手がかりに、この命題に迫る。

筑摩選書
0163

骨が語る兵士の最期
太平洋戦争・戦没者遺骨収集の真実

楢崎修一郎

玉砕、飢餓、処刑――太平洋各地で旧日本軍兵士を中心とする約五〇〇体の遺骨を鑑定してきた人類学者は何を見たのか。遺骨発掘調査の最前線からレポートする。

筑摩選書
0190

知的創造の条件
AI的思考を超えるヒント

吉見俊哉

個人が知的創造を実現するための方法論はもとより、大学や図書館など知的コモンズの未来像を示し、AI的思考の限界を突破するための条件を論じた、画期的な書！

筑摩選書
0244

公衆衛生の倫理学
国家は健康にどこまで介入すべきか

玉手慎太郎

健康をめぐる社会のしくみは人々の自由をどう変えるのか。セン、ロールズ、ヌスバウムなどの議論を手掛かりに、現代社会に広がる倫理的な難問をじっくり考える。

筑摩選書
0246

ストーンヘンジ
巨石文化の歴史と謎

山田英春

いったい誰が、何のためにつくったのか？ 100以上のブリテン諸島の巨石遺跡を巡った著者が、最新研究をもとにその歴史と謎を整理する。カラー図版多数。

筑摩選書
0247

東京10大学の150年史

小林和幸 編著

筑波大、東大、慶應、青山学院、立教、学習院、明治、早稲田、中央、法政の十大学の歴史を振り返り、各大学の特徴とその歩みを日本近代史のなかに位置づける。

筑摩選書
0248

敗者としての東京
巨大都市の「隠れた地層」を読む

吉見俊哉

江戸＝東京は1590年の家康、1869年の薩長軍、1945年の米軍にそれぞれ占領された。「敗者」としての視点から、巨大都市・東京を捉え直した渾身作！

筑摩選書
0251

戦後空間史
都市・建築・人間

戦後空間研究会 編

住宅、農地、震災、運動、行政、アジア…戦後の都市・近郊空間と社会を考える。執筆：青井哲人、市川紘司、内田祥士、中島直人、中谷礼仁、日埜直彦、松田法子

筑摩選書
0267

意味がわかるＡＩ入門
自然言語処理をめぐる哲学の挑戦

次田瞬

ＣｈａｔＧＰＴは言葉の意味がわかっているのか？ 現在のＡＩを支える大規模言語モデルのメカニズムを解き明かし意味理解の正体に迫る、哲学者によるＡＩ入門！